权威推荐

U0289001

高效养羊技术

田　梅　夏风竹　编著

本书介绍了科学高效的养羊技术，在讲求技术先进性的同时，
更注重实用性和可操作性，是广大养羊户、畜牧兽医技术人员、
养殖场及管理工作者的重要参考资料。

河北科学技术出版社

图书在版编目（CIP）数据

高效养羊技术／田梅，夏风竹编著. -- 石家庄：河北科学技术出版社，2013.12（2023.1 重印）

ISBN 978-7-5375-6548-6

Ⅰ.①高… Ⅱ.①田… ②夏… Ⅲ.①羊-饲养管理 Ⅳ.①S826

中国版本图书馆 CIP 数据核字（2013）第 268959 号

高效养羊技术

田　梅　夏风竹　编著

出版发行	河北科学技术出版社	
地　　址	石家庄市友谊北大街 330 号（邮编:050061）	
印　　刷	三河市南阳印刷有限公司	
开　　本	910×1280　1/32	
印　　张	7	
字　　数	140 千	
版　　次	2014 年 2 月第 1 版	
	2023 年 1 月第 2 次印刷	
定　　价	25.80 元	

Preface ☞ 序

推进社会主义新农村建设，是统筹城乡发展、构建和谐社会的重要部署，是加强农业生产、繁荣农村经济、富裕农民的重大举措。

那么，如何推进社会主义新农村建设？科技兴农是关键。现阶段，随着市场经济的发展和党的各项惠农政策的实施，广大农民的科技意识进一步增强，农民学科技、用科技的积极性空前高涨，科技致富已经成为我国农村发展的一种必然趋势。

当前科技发展日新月异，各项技术发展均取得了一定成绩，但因为技术复杂，又缺少管理人才和资金的投入等因素，致使许多农民朋友未能很好地掌握利用各种资源和技术，针对这种现状，多名专家精心编写了这套系列图书，为农民朋友们提供科学、先进、全面、实用、简易的致富新技术，让他们一看就懂，一学就会。

本系列图书内容丰富、技术先进，着重介绍了种植、养殖、职业技能中的主要管理环节、关键性技术和经验方法。本系列图书贴近农业生产、贴近农村生活、贴近农民需要，全面、系统、分类阐述农业先进实用技术，是广大农民朋友脱贫致富的好帮手！

中国农业大学教授、农业规划科学研究所所长
设施农业研究中心主任 张天柱

2013年11月

Foreword　☞ 前言

　　农业是国民经济的基础，是国家稳定的基石。党中央和国务院一贯重视农业的发展，把农业放在经济工作的首位。而发展农业生产，繁荣农村经济，必须依靠科技进步。为此，我们编写了这套系列图书，帮助农民发家致富，为科技兴农再做贡献。

　　本系列图书涵盖了种植业、养殖业、加工和服务业，门类齐全，技术方法先进，专业知识权威，既有种植、养殖新技术，又有致富新门路、职业技能训练等方方面面，科学性与实用性相结合，可操作性强，图文并茂，让农民朋友们轻轻松松地奔向致富路；同时培养造就有文化、懂技术、会经营的新型农民，增加农民收入，提升农民综合素质，推进社会主义新农村建设。

　　本系列图书的出版得到了中国农业产业经济发展协会高级顾问祁荣祥将军，中国农业大学教授、农业规划科学研究所所长、设施农业研究中心主任张天柱，中国农业大学动物科技学院教授、国家资深畜牧专家曹兵海，农业部课题专家组首席专家、内蒙古农业大学科技产业处处长张海明，山东农业大学林学院院长牟志美，中国农业大学副教授、团中央青农部农业专家张浩等有关领导、专家的热忱帮助，在此谨表谢意！

　　在本系列图书编写过程中，我们参考和引用了一些专家的文献资料，由于种种原因，未能与原作者取得联系，在此谨致深深的歉意。敬请原作者见到本书后及时与我们联系（联系邮箱：tengfeiwenhua@sina.com），以便我们按国家有关规定支付稿酬并赠送样书。

　　由于我们水平所限，书中难免有不妥或错误之处，敬请读者朋友们指正！

编　者

CONTENTS

>> 目　录

第一章　养羊业的基本概况

第二章 羊的常见优良品种

第三章　羊的习性特点介绍

第四章　羊的高效繁育技术

第五章 羊的营养需求与饲料加工

第六章　高效育羊的管理技术

第七章 羊舍建筑与养羊设备

第八章 羊的常见疾病与防治

第一章
养羊业的基本概况

　　国外养羊业在近几十年来有了明显的变化，其中发展最迅速的就是肉羊业。国外肉羊业之所以能够发展得这么迅速，主要是因为：化纤工业发展迅速，使得国际羊毛的产量过剩，除特细羊毛之外，其他羊毛没有好的销路；随着服装业的发展，羊皮的市场价格也陷入低谷，而羊肉的价格在近几年来一直是平稳上升的。羊肉销量在逐年增加，由于其具有高蛋白、低脂肪、低胆固醇的特点，羊肉已经成为人们最喜爱的食品之一。在肉羊业发展较迅速的一些国家中，羔羊肉在羊肉产品中所占的比例很大。羔羊肉之所以能占很大比例，是因为羔羊肉脂肪少、肌纤维鲜嫩、味美多汁、容易消化，非常受消费者的欢迎；同时，羔羊肉的生产成本低，产品率及售价比较高，在市场上具有较强的竞争力。

　　以下是国外肉羊高效发展的主要途径。

一、优良肉羊品种的培育

　　与其他用途的羊相比，肉羊具有生长发育快、性成熟早和繁殖力高的特点。比如，很多肉用绵羊、山羊的优良品种，种母羊会全年发情，有很高的产羔率，以及较好的泌乳性能。从经济效益上看，发展这样的肉羊品种是具有一定价值的。

　　英国是世界上肉羊业发达的国家之一，培育肉羊的时间较早，品种数量较多。目前,英国培育的肉用绵羊品种有 30 多个,这些品种中有长毛品种莱斯特羊、林肯羊、边区莱斯特羊、罗姆尼羊等;有短毛品种南丘羊、萨福克羊、牛津羊、汉普夏羊、有角道塞特羊等;有山地品种雪维特羊、苏格兰黑面羊、萨克羊等。这些品种先后被世界各国引进,极大地促进了各国肉羊业的发展。近年来,英国又采用复杂杂交的方法培育出了产羔率、泌乳性能、产肉性能、羊毛品质俱佳的优良新品种——考勃来羊。

新西兰也是世界上肉羊业发达的国家之一,全国饲养了 30 多个绵羊品种,其中绝大部分是肉羊。无角道塞特羊、罗姆尼羊、考力代羊等是新西兰饲养的主要品种。

南非目前的肉用山羊业在世界上也是比较发达的,该国培育的波尔山羊体格大、生长发育快,在世界上远近闻名。

二、建立完善的肉羊生产体系

世界上肉羊产业发达的国家都有一套完整的生产体系,这种体系包括良种繁育体系和杂交利用体系。良种繁育体系就是通过不断的选种与选配,品种的质量得到提高,数量得到扩大。杂交利用体系就是把各个优秀的品种进行杂交,使杂种优势得到充分发挥。目前,在肉羊业发展中,多选择产肉性能好、繁殖率高的品种进行三元杂交,培育出产肉性能更高的肥羔。在此项杂交技术中,杂交父本多是纯种,母本多是杂种。从目前形势来看,引用优秀的肉用羊种与当地羊种进行经济杂交越来越受到世界各国的重视,是发展肉羊生产的主要途径。

三、发展肥羔生产

发展肥羔生产要充分发挥杂种优势,把部分纯种或杂种绵羊当

作母本，引用优质肉用品种公羊作为父本，进行经济杂交，培育出肥羔。在澳大利亚，大都采用三元杂交生产肥羔，即首先把边区莱斯特羊作为父本与美利奴母羊进行杂交，杂种一代母羊再和道塞特羊或南丘羊父本进行杂交，然后把杂种二代作为肥羔。在新西兰，生产肥羔一般以边区莱斯特羊、南丘羊、萨福克羊为父本，以罗姆尼羊、考力代羊、柯泊华斯羊及派伦代羊为母本进行杂交。

四、实行集约化经营

发展肉羊生产的一个有效途径是实行集约化经营，其中包括繁殖新技术的应用、杂交改良、科学饲养（制定合理的饲养标准，改进饲养管理制度）、羊肉加工及销售、疾病防治等。

第二节 我国养羊业的现状及发展前景 〉〉〉

一、我国养羊业的发展现状与发展潜力

（一）我国养羊业的发展现状

目前，我国羊类养殖遍布全国32个省、自治区、直辖市，但是由于生物学特性和生态环境条件的影响，绵羊的分布范围没有山羊的广。

(二) 我国养羊业的发展潜力

1. 拥有丰富的绵羊、山羊品种资源 1949 年中华人民共和国成立后，国家十分重视养羊业的发展，为了使我国的养羊业得到长足的发展，国家采取了很多积极有效的措施。1989 年，全国有 79 个绵羊品种，48 个山羊品种。近年来，我国又把波尔山羊、特克塞尔羊、波德代羊等优良绵羊、山羊品种相继引进国内。这些绵羊、山羊优良品种分别在不同的生态经济地区得到充分发展，对我国家养动物物种生物多样性的形成起到了重要作用，是我国养羊业生产持续发展和人民生活质量改善的重要生产和生活资料。目前，我国培育出了一批如新疆细毛羊、中国美利奴羊、南江黄羊、罕山白绒山羊、中国卡拉库尔羔皮羊等生产力水平比较高的绵羊、山羊优良新品种。此外，养羊业的选育工作得到积极开展，原有地方良种的水平得到了显著提高，如湖羊、小尾寒羊、马头山羊、辽宁绒山羊等。同时，把国外良种积极地引进国内，使绵羊、山羊杂交改良和新品种培育工作在国内得到大规模的开展，从而使我国养羊业产品的产量得到显著提高，品质得到改善。

2. 拥有可观的绵羊、山羊饲养量 2009 年末，我国羊存栏量为 2.8 亿只，同时拥有丰富的绵羊、山羊品种资源，仅列入国家品种名录的绵羊、山羊品种就有 53 个。庞大的养羊数量（其中能繁母羊占 50.0% 左右）为我国持续发展中的养羊业生产提供了选择条件，奠定了良好的物质基础。

3. 拥有丰富的草地资源 我国是草地资源大国，拥有各类天然草地 39283 万公顷，约占国土面积的 41%，仅次于澳大利亚，居世界第二位。据测算，我国的天然草地每年的理论载畜量平均是 44891.54 万个羊单位。另外，我国还有 1543.64 万公顷的累计种草保留面积。在发达国家，草地资源被当作重要的生产资料，为本国

人民提供了丰富的皮、毛、奶、肉等产品，其中食草类牲畜提供的食物蛋白质占全部食物中动物性蛋白质的 55%～60% 或者更高，但是目前在我国只有 20% 左右。

4. 拥有丰富的农副产品　在我国丰富的农副产品中，农作物秸秆和饼粕是养羊业发展的重要饲料来源；另外，农田饲料生产基地也有很多，每年生产的优质饲草饲料数量相当可观；其他的农副产品经过加工处理，也具有相当巨大的养羊潜力。在实际养羊业生产中，用草作为养羊饲料，秸秆饲草过腹后还田，用羊粪来养地，建立土-草-羊三位一体的草地农业生态系统，同时把过去农区作物栽培中的二元结构（粮食作物、经济作物）改成三元结构（粮食作物、经济作物及牧草饲料作物），将对我国养羊业的发展具有非常重要的意义。

5. 具有较好的生产技术条件　我国的养羊业具有非常悠久的历史，养羊经验也非常丰富。近些年来，国家和地方以及人民群众在养羊业生产中投入了相当多的人力、物力和财力，显著地改善了养羊业的基本生产条件。同时，我国培养了一大批不同层次的科技队伍，研究和推广了一大批科研成果及先进实用的综合配套技术，建立了分布在全国农村、牧区较为有效的社会技术服务系统等。这些都对我国养羊业的持续发展具有非常重要的意义。

二、我国养羊业的发展方向

1. 建立健全的良种繁育体系　要做好发展肉羊生产的工作，建立健全良种繁育体系是其中重要的一项。特别是在缺乏优良肉用品种的中国，这项工作尤为重要。

为了促进我国肉羊业的发展，近年来，各省、自治区、直辖市花费了相当数额的外汇引进了一批肉用种羊，在各省、自治区、直辖市都有分布。

引进之后，首先要解决的便是如何利用好这些种羊的问题，因此，目前所要做的是：建立良种繁殖中心，加强饲养管理，选种与选配要严格进行，种羊质量要不断提高，建立人工授精站或供精点，把优秀种公羊的种用价值充分发挥好，推广和采用新的繁殖技术，稳定和提高肉用种羊的质量，避免品种退化，基因漂移、丢失等问题的出现。在发展肉羊生产的工作中，要建立纯种繁殖机制，推广杂交改良体系，制定好各种相关的规章制度，种羊出场标准要严格控制，做到纯种繁殖与杂交改良并重、数量与质量并重、常规实用和现代生物技术相结合。

此外，还应建立肉羊技术指导站或成立肉羊协会，指导肉羊生产技术，使有关发展肉羊生产的问题能够得到解决。同时进行杂交组合试验，大力推广成功经验，培训专业技术人员。

2. 引进优良肉用种羊 我国的养羊数量在世界上是最多的。2009 年，世界绵羊、山羊存栏量为 193924.3 万只，我国绵羊、山羊存栏量为 28452.2 万只，约占世界存栏量的 14.67%；2009 年，全世界羊肉产量为 1304.8 万吨，我国羊肉产量为 389.4 万吨，约占世界总产量的 29.84%。我国羊肉产量占国内肉类总产量的 3.98%，比世界平均水平（5.15%）要低；我国绵羊平均胴体重量为 12 千克，比世界平均胴体重（15 千克）低 3 千克。这表明，我国虽然养羊的数量多，但羊的产肉量不高，国民经济发展和人民生活的需要远不能得到满足。为此，自 20 世纪 60 年代以来，我国各地在增加绵羊、山羊饲养数量的同时，还从国外先后数次引入优良肉用种羊，在进行纯种扩展繁殖的同时，利用引进品种与本地品种进行杂交改良。

杂交结果证明，杂种羊的产肉量比本地肉羊的产肉量要高得多。我国引进的肉用种羊品种主要有边区莱斯特羊、特克塞尔羊、林肯羊、夏洛莱羊、无角道塞特羊、波德代羊、萨福克羊、罗姆尼羊、

波尔山羊等绵羊、山羊品种。

3. 大力开展杂交改良　我国在 20 世纪 60 年代引进长毛型肉用羊边区莱斯特羊、罗姆尼羊及林肯羊，这主要是为了与我国部分省份的绵羊进行杂交而培育出半细毛羊的新品种。

自 20 世纪 80 年代以来，引进无角道塞特羊、特克塞尔羊、萨福克羊、波尔山羊等的目的主要是生产肉用羊。

引进的无角道塞特羊与新疆阿勒泰羊、小尾寒羊进行杂交，取得了良好的成效。根据姚树清的报道，在舍饲的条件下，每天补饲精料 0.5~0.7 千克，道寒杂种一代公羊 6 月龄体重为 44.41 千克，周岁体重将增长 7 千克；母羊分别为 35.22 千克、47.82 千克。6 月龄公羔胴体重为 24.20 千克，屠宰率为 54.49%，胴体净肉率为 79.11%。引进的夏洛莱羊在江苏、河北、河南、内蒙古、青海等省份与当地绵羊进行杂交，也取得了良好的成效。根据张贵江的报道，黑龙江省绥化地区夏细杂种一代当年公羔活重为 41.09~45.81 千克，比同龄细毛羊要高 32.02%~45.35%；胴体重为 17.86~21.12 千克，比同龄细毛羊要高 65.52%~30.61%。根据赵有璋的报道，用夏洛莱羊与甘肃省碌曲县西藏羊进行杂交，在海拔 3450~4400 米的高寒牧区，6 月龄宰前活重仅为 33 千克，胴体重为 13.20 千克，屠宰率为 40%，繁殖成活率为 23.83%。这说明在青藏高原上，夏藏杂交不会取得很好的成效。

引进的波尔山羊与我国中部、南部的山羊进行杂交的效果显著。根据黄永宏的报道，用波尔山羊与长江三角洲白山羊进行杂交，杂种一代羯羊周岁龄宰前活重为 29.75 千克，胴体重为 17.29 千克，屠宰率为 58.10%，净肉为 12.74 千克，胴体净肉率为 73.63%。胴体重比长江三角洲白山羊（7.35 千克）高 9.94 千克，屠宰率高出 16.70 个百分点。

第三节 我国养羊业发展所面临的问题 〉〉〉

一、饲养分散与发展大市场的矛盾

目前，在我国农村牧区，绵羊、山羊基本上是实行千家万户分散饲养的模式。在牧区，养羊业被当作牧民谋生的一项重要产业，饲养规模一般比农村牧区要大，主要生产环节的组织和羊群的饲养管理都得到重视。但是由于生态经济条件方面的制约，饲养管理和经营依然是比较粗放的，不少地区至今仍保持着"靠天养畜"的局面。在农村牧区，由于农业产业结构得到调整，广大农户具有发展养羊业的积极性，而且我国广大农村正在兴起种草养羊、舍饲养羊、科学养羊的模式，这将为养羊业带来强劲的发展势头。但是，缺少优良的品种，羊舍简陋，设备落后，饲养管理比较粗放，农牧民科技文化水平低，信息不灵通，市场观念落后，先进实用的科学技术很难得到普及推广等，这些问题仍然是当前制约农村牧区养羊业迅速发展的重要因素。分散的经营和粗放的饲养管理，导致资源不能被充分利用，生产标准得不到统一，技术管理水平良莠不齐，疫病等问题很难得到控制，因而难以对养羊业产品的质量、安全卫生等进行有效控制。因此，养羊业难以突破"绿色壁垒"对我国的"封杀"。这样一来，产品的竞争力就被大大削弱了，给我国养羊业的健

康、持续发展带来严重的负面影响。

二、严峻的羊毛生产形势

在我国毛纺生产中，毛纺企业首先选择的是外毛，其目的是提高产品的档次与质量，追逐最大的利润，其中又以羊毛品质好、价格也比较便宜的澳大利亚、新西兰等国家为主要交易对象。在交易中，购销双方都会严格按合同执行，违约者则依法进行赔偿。从纵向看，中国的羊毛生产经过几十年的努力，在结构组成和品质提高方面，取得了很大的成绩，但在羊毛长度、细度及其均匀度、光泽、净毛率及净毛量等方面，特别是与澳毛相比，还有很大的差距。近几年来，中国的羊毛价格，特别是细羊毛价格不合理，在许多地区 1千克细羊毛价格低于 1 千克羊肉价格，再加上受到大批量进口羊毛的冲击，毛肉比价严重倒置，导致不少养殖户由饲养毛用羊改为饲养肉用羊，从而使国产羊毛的经济效益很差，甚至有相当数量的羊毛卖不掉，形成大量积压，挫伤了广大农牧民生产优质羊毛的积极性，使许多地区绵羊选育提高和杂交改良工作进展缓慢，有的甚至出现后退。同时，我国现阶段绵羊毛实际收购方法在不少地区还存在不少问题，有的甚至缺乏科学性、客观性；在流通领域中，中间环节多，加上某些不良社会风气的影响，一部分羊毛生产者、经营者认为有空子可钻，在羊毛中掺杂假货，从而造成了毛纺工业界对国产羊毛不好的印象。近年来，国家通过推进羊毛分级、整理、打包、检验等羊毛处理措施，抓拍卖、树品牌，促进了羊毛贸易的优质优价，使国产羊毛交易出现了好势头。但是，主要问题还没有解决，特别是我国已加入 WTO，按规定在 2004 年羊毛的非关税措施，即关税配额管理被取消，这意味着关税对羊毛生产的保护已不存在。

因此，我国的羊毛生产形势相当严峻。

三、草场退化严重

近 20 多年来，随着我国农村牧区家庭联产承包责任制和草、畜双承包制的贯彻落实，广大农牧民发展畜牧业生产的积极性不断提高，羊、牛等家畜养殖量迅速增长，农牧民收入显著增加，生活水平明显提高。但是，应该看到，依靠天然草场和草山草坡放牧饲养绵羊和山羊，至今仍然是我国很多地区饲养的主要方式。天然草场的兴衰，直接影响着绵羊和山羊的营养状况、生长发育、繁殖力和生产性能。然而，长期以来，由于全球气候变暖，持续干旱，以及长期受粮食问题困扰，人们重粮轻草，毁草种粮，中华人民共和国成立以来共出现 4 次大规模开垦草原，导致大量弃耕和大面积土地沙化；由于人口增加，畜群增加，对草地建设的投入严重不足，重用轻养，过度放牧，长期超载，加上滥垦、乱挖、乱伐和鼠虫害严重等问题，我国 90% 的可利用天然草原不同程度地退化，而且现在草场还以每年 200 万公顷的速度退化，这不仅威胁到国家生态安全，还严重地制约着广大农牧区经济和社会的可持续发展。

四、缺少优良品种

近 50 多年来，我国在引进国外优良品种、开展杂交改良、培育新的高生产力绵羊和山羊品种、选育地方良种方面，做了大量的工作，取得了显著的成绩。但时至今日，我国绵羊、山羊业中的良种化程度依然不高。因此，我国养羊业的总体生产水平和产品质量受到很大影响。养羊业发达的国家基本上实现了品种良种化，天然草场改良化和围栏化，饲料生产工厂化、产业化，以及主要生产环节机械化，并广泛利用牧羊犬。同时，电子商务技术得到了广泛应用，因而整个养羊业的生产水平和劳动生产率相当高。与之相比，我国养羊业发展还存在一定差距。

第二章
羊的常见优良品种

第一节 肉用山羊 　　　　　　　　　　　　>>>

一、南江黄羊

南江黄羊原产于四川省南江县，是以当地母山羊及引进的金堂黑羊为母本，以四川铜羊和努比杂种公羊为父本，进行复杂育成杂交培育而成。

1. **体形外貌** 南江黄羊头大小适中，大多数公羊和母羊有角，颈部较粗，体格高大，背腰平直，后躯丰满，体躯近似圆桶形，四肢粗壮。被毛呈黄褐色，面部多呈黑色，鼻梁两侧有一条黄色条纹，从头顶至尾根沿背脊有一条黑色毛带，公羊的前胸、颈下、肩和四肢上端着生黑而长的粗毛。

2. **生产性能**

1）生长发育：南江黄羊体格大，生长发育快。体重，6月龄公羔为27.40千克，6月龄母羔为21.82千克；周岁公羊为37.61千克，周岁母羊为30.53千克；成年公羊为66.87千克，成年母羊为45.64千克。平均日增重，哺乳期公羔为176.11克，母羔为161.33克；6月龄前公羔为139.56克，母羔为109.33克；周岁前公羔为96.79千克，母羔为77.78千克。

2）产肉性能：在放牧加补饲的条件下，6月龄、8月龄、10月龄、12 月龄屠宰，胴体重分别为 7.03 千克、10.78 千克、11.38 千克和 15.55 千克，屠宰率分别为 43.98%、47.63%、47.70% 和 49.71%；成年羯羊屠宰率为 55.65%，最佳适宜屠宰期为 8～10 月龄。

3）繁殖性能：南江黄羊性成熟早，四季发情，2 月龄即有性行为，3 月龄可出现初情，4 月龄可配种，最早产羔日龄为 287 天。最佳初配年龄，母羊为 6～8 月龄，公羊为 12～18 月龄。平均产羔率为 205.42%，双羔率为 72.37%，多羔率为 15.52%。

3. 杂交利用　南江黄羊采食性好，耐粗饲，抗病力强，特别适合我国南方各地饲养。

1）浙江省奉化市畜牧兽医技术推广中心引用南江黄羊与当地山羊杂交，杂种一代初生重，公羔为 2.43 千克、母羔为 2.18 千克；3 月龄重，公羔为 12.78 千克、母羔为 11.89 千克；10 月龄重，公羔为 27.95 千克、母羔为 24.52 千克。杂种一代比同龄当地山羊（1.76 千克、1 千克、10.04 千克、9.57 千克，20.37 千克、19.58 千克）分别提高 38.07%、118.00%、27.29%、24.24% 和 37.21%、25.23%。羔羊 11 月龄时进行屠宰测定，杂种一代宰前活重为 32.10 千克，胴体重为 17.58 千克，屠宰率为 54.81%，比当地山羊（21.83 千克、10.93 千克和 50.07%）分别提高 47.05%、60.84% 和 4.74 个百分点。

2）张国森等报道，福建德化县畜牧兽医站用南江黄羊杂交改良当地戴云山羊。杂种一代羔羊初生重，公羔为 1 千克、母羔为 1.69 千克；4 月龄重，公羔、母羔分别为 11.89 千克和 11.10 千克；周岁重，公羊、母羊分别为 19.80 千克和 15.94 千克。杂种一代比同龄戴云山羊（1.36 千克、1.38 千克，9.93 千克、9.62 千克，17.70 千克、13.95 千克）分别提高 −0.36%、22.46%、19.74%、15.38% 和

11.86%、14.27%。

屠宰测定，杂种一代宰前活重，周岁公羊为 24.32 千克、周岁母羊为 20.32 千克；戴云山羊宰前活重，周岁公羊为 18.75 千克、周岁母羊为 17.5 千克。胴体重，杂种一代公羊为 12.5 千克、母羊为 9.23 千克；戴云山羊，周岁公羊为 8.75 千克、周岁母羊为 7.5 千克。屠宰率，杂种一代，公羊为 51.4%、母羊为 45.4%；戴云山羊，公羊为 48.0%、母羊为 42.86%。

杂交结果表明，在半放牧的条件下，杂种一代的体重明显高于当地山羊，屠宰率也有所提高。杂种一代能很好地适应当地生态环境，表现为性情温顺，觅食力强，放牧性能好，抗病力强。

3）王阳铭等报道，重庆市畜牧兽医研究所等单位曾在武隆县引用南江黄羊与当地板角山羊杂交。杂种一代初生重，公羔、母羔分别为 2.57 千克、2.51 千克；6 月龄重，公羔、母羔分别为 22.52 千克、21.68 千克；周岁重，公羊、母羊分别为 35.41 千克、33.65 千克；2.5 岁重，公羊、母羊分别为 58.46 千克、48.44 千克。杂种一代比同龄板角山羊（1.57 千克、1.52 千克、13.56 千克、12.44 千克，21.98 千克、19.84 千克，36.05 千克、29.58 千克）分别提高 63.69%、65.13%、66.08%、74.28%、61.10%、69.61% 和 62.16%、63.76%。

杂交结果说明，南江黄羊与板角山羊杂交的后代体重明显增加，生长速度提高 60%以上。杂种一代毛色多为浅棕黄色，部分为白色，少部分为黑色或杂色；四肢结实，放牧力强。在海拔 350~2000 米的山区，适应性良好。

4）徐剑鸣等报道，浙江省苍南县农业局于 1993—1996 年引进南江黄羊，在浙江南部沿海地区与当地山羊进行杂交。杂种一代初生重为 2.33 千克、4 月龄重为 17.3 千克、周岁重为 32.8 千克、成年重为35.7千克，比本地同龄山羊（1.78千克、12.6千克、22.8千克和25.1千克）分别提高30.90%、37.30%、43.86%和42.23%。屠宰测定，杂种一代10月龄宰前活重为30.2千克，胴体重为15.3千克，屠宰率为50.6%，比同龄本地山羊（19.8千克、8.9千克和44.9%）分别提高52.53%、71.91%和5.7个百分点。

杂种一代羊不仅适应当地的自然环境，而且在抗病力、采食性能、耐粗饲等方面远远优于本地山羊。

5）任称罗尔日等报道，四川省家畜改良站等单位引用南江黄羊与当地藏山羊进行杂交。杂种一代初生重，公羊、母羔分别为2.19千克、1.78千克；6月龄重，公羔、母羔分别为16.12千克、15.67千克；周岁重，公羔、母羔分别为19.53千克、19.17千克；1.5岁重，公羊、母羊分别为27.69千克、25.85千克。杂种一代比同龄藏羊（1.75千克、1.40千克，12.77千克、10.48千克，15.57千克、14.48千克和19.30千克、16.86千克）分别提高25.14%、27.14%、26.23%、49.52%、25.43%、32.39%和43.47%、53.32%。屠宰测定，杂种一代1.5岁羯羊宰前活重为30.00千克，净肉重为10.40千克，屠宰率为44.07%，净肉率为34.67%。杂种一代比同龄藏山羊（17.73千克、4.90千克、37.23%和27.64%）分别提高69.20%、112.24%、6.84个百分点和7.03个百分点。

二、马头山羊

马头山羊原产于湖南、湖北西部山区，主要分布在湖南省的常德、黔阳、怀化及湖北省的郧阳、恩施等地区，是我国南方优良的肉用山羊品种。

1. 体形外貌 马头山羊头大小适中，公羊、母羊均无角，两耳向前略下垂，颌下有髯，部分羊只颈下有两个肉垂。成年公羊颈较粗短，母羊颈较细长。前胸发达，背腰平直，后躯发育良好，尻略斜。四肢端正，蹄质坚实。母羊乳房发育良好。毛色以白色为主，依次为黑色、麻色及杂色。

2. 生产性能

1) 生长发育：马头山羊体大，肉用性能好。据测定，体重，成年公羊为43.81千克，成年母羊为33.70千克，周岁公羊为24.99千克、周岁母羊为23.23千克；初生重，公羔单羔为2.08千克、双羔为1.62千克，母羔单羔为1.78千克、双羔为1.66千克。在放牧的条件下，周岁羯羊体重可达成年羊的73.23%；8月龄羯羊活重可达62.35千克。放牧加补饲的10月龄羯羊活重为112.5千克。

2) 繁殖性能：马头山羊性成熟较早，母羔3~5月龄、公羔4~6月龄达性成熟，一般在10月龄配种。母羊四季均可发情配种，一般一年产2胎或两年产3胎。产羔率为191.94%~200.33%。

三、波尔山羊

波尔山羊原产于南非，是由来自非洲西南的本地山羊和印度山羊、欧洲山羊等杂交，经选择培育而成。南非大约有波尔山羊500万只，大致分为普通型、长毛型、无角型、土种型和改良型5个类型。

1. 体形外貌 波尔山羊理想型个体的体躯为白色，头和耳为红色，并有完全的色素沉着，前额及鼻梁部有一条较宽的白毛带。除耳部外，头部两侧至少要有直径为10厘米的红色斑块。两耳至少要有75%的部位为红色，并要有相同比例的色素沉着，其有色部位不超过肩部，双侧眼睑必须有色。

波尔山羊身体结构良好，具有强健的头，眼睛清秀，鼻梁隆起，前额及角应顺着鼻子的曲线。头颈部及前肢比较发达，体躯长、宽、深，肋骨开张良好，胸部发达，背部结实丰厚，腿、臀部丰满，四肢结实有力，尾根上翘。

2. 生产性能

1) 生长发育：波尔山羊体格大，生长发育快。体重，成年公羊为80~100千克，成年母羊为60~75千克；12~18月龄时，公羊为45~70千克，母羊为40~55千克。Casey测定了波尔山羊的初生重和平均日增重，平均初生重，公羔、母羔分别为4.15千克和3.4千克；高营养水平时，100日龄时体重，公羔为28千克，母羔为26千克；270日龄时体重，公羔为69千克，母羔为51千克。平均日增重，初生至100日龄，公羔、母羔分别为291克和272克；100~150日龄，公羔、母羔分别为233克和185克；150~210日龄，公羔、母羔分别为245克和204克；210~270日龄，公羔、母羔分别为250克和186克。

2) 产肉性能：波尔山羊的平均屠宰率为48.3%，高的可达56.2%。肉质鲜美，膻味少，皮下脂肪和内脏脂肪占胴体总脂肪重的18.24%。胴体剖分后，各部分所占百分率为：前肢占17.28%，颈部占9.33%，腹部占25.77%，背部占19.26%，后肢占28.36%。骨肉比为1：7，明显高于一般山羊。

3) 繁殖性能：波尔山羊性早熟，6月龄达初情期。改良型波尔山羊每头母羊年平均产羔1.9只，3.5岁母羊年平均产羔2.26只。多胎比例高，产单羔母羊比例占7%，双羔占63%，三羔占28%，四羔占2%。波尔山羊可一年2产或两年3产，产羔率高，羔羊生长发育快，是发展肉羊生产的优秀品种资源。

4) 适应性：波尔山羊在南非各种气候带和不同生态条件下均有分布，适应性极强。采食能力很强，采食植物种类非常广泛，包括

各种牧草和灌木枝叶,采食的范围可以从地面生长高度10厘米的牧草至高达160厘米的灌木枝叶。抗病力强,可以有效地防止各种寄生虫和地方病的感染。

3. 杂交利用 我国自1995年开始,从德国、澳大利亚、新西兰及南非等国先后引进波尔山羊,分别饲养在江苏、陕西、四川、河南、山东、贵州等地,各地在进行纯种繁殖的同时,还利用波尔山羊对各地的低产山羊品种进行杂交改良,获得了良好的效果。目前,一个以波尔山羊为父本杂交各地山羊、发展肉羊生产的热潮正在我国兴起。

现将波尔山羊与我国各地山羊杂交的有关结果介绍如下。

1)波尔山羊与河南、江苏槐山羊的杂交效果:河南省永城市畜牧局侯胜利等用波尔山羊与当地槐山羊杂交,杂种一代羔羊初生重,公羔为3.35千克,母羔为2.73千克,比槐山羊提高了73.69%、69.60%;断奶重,公羔、母羔分别为17.5千克、14.8千克,比槐山羊分别提高69.9%和60.8%。

河南省滑县畜牧局韩凤香用波尔山羊杂交当地槐山羊,在同等饲养条件下,杂种一代初生重达到2.57千克,3月龄为12.91千克,6月龄为17.86千克,12月龄为28.44千克,杂种一代与同龄槐山羊相比较,分别提高57.67%、126.89%、104.82%和98.19%。

江苏省扬州大学黄永宏等在黄海沿海一带,用波尔山羊杂交当地山羊(槐山羊)。杂种一代初生重为2.75千克,杂种二代初生重为2.81千克,比当地山羊分别提高90.97%和95.1%;杂种一代周岁羯羊胴体重为15.11千克,屠宰率为52.99%,比当地山羊分别增加5.71千克、4.98个百分点。

2)波尔山羊与山东鲁北山羊杂交效果:山东省畜牧兽医站曲绪仙等在滨州地区用波尔山羊与当地的鲁北山羊杂交。杂种一代初生重,公羔、母羔分别为3.21千克、2.58千克,比鲁北山羊分别提高

58.38%和38.71%；杂种一代9月龄体重，公羔、母羔分别为46.35千克、39.35千克，比鲁北山羊分别提高88.57%和76.85%。

3）波尔山羊与江苏海门山羊杂交效果：江苏省扬州大学黄永宏等在南通市用波尔山羊与当地海门山羊杂交。杂种一代羔羊初生重为2.50千克，杂种二代初生重为2.73千克，比海门山羊分别提高119.3%、139.47%。杂种一代周岁羯羊屠宰后，胴体重为14.37千克，比同龄海门山羊提高6.87千克；杂种一代屠宰率为54.35%，比海门山羊提高13.03个百分点。

4）波尔山羊与四川成都麻羊杂交效果：四川省大邑县畜牧局何明阳等用波尔山羊与成都麻羊杂交，杂种一代初生重，公羔、母羔分别为2.93千克、2.96千克，比麻羊分别提高44.33%和52.58%；6月龄时上述指标相应为33.67千克、20.75千克、77.21%和38.33%；周岁时上述指标相应为58.83千克、38.1千克、110.11%和73.18%。8月龄杂种一代羯羊宰前活重为25.25千克，胴体重为12.55千克，屠宰率为49.70%，比麻羊（17.5千克、8.03千克和45.89%）分别提高44.29%、56.29%和3.81个百分点。18月龄杂种一代羯羊宰前活重为50千克，胴体重为26.9千克，屠宰率为53.8%，比麻羊分别提高85.19%、105.81%和5.39个百分点。杂交效果极为明显，其中以18月龄屠宰结果尤为突出。

5）波尔山羊与云南云岭黑山羊杂交效果：云南种羊场姚新荣等用波尔山羊与当地云岭黑山羊杂交。杂种一代初生重，公羔、母羔分别为2.00千克、2.88千克，比当地的山羊分别提高27.83%、47.69%；杂种一代断奶重，公羔、母羔分别为19.95千克、13.00千克，比当地山羊提高30.82%、37.86%。

6）波尔山羊与四川宜昌白山羊杂交效果：中国农业科学院畜牧研究所李向林等在湖北省长阳县山区用波尔山羊冷冻精液给宜昌白山羊配种，杂种一代初生重为3.0千克，5月龄重为23.9千克，比宜昌白山羊（1.9千克、13.2千克）分别提高57.89%、81.06%；杂种一代平均日增重138.4克，比宜昌白山羊（75.3克）提高83.80%。

7）波尔山羊与四川乐至黑山羊杂交效果：四川省乐至县畜牧局文永照等用波尔山羊与当地黑山羊杂交。杂种一代初生重，公羔、母羔分别为3.33千克、3.24千克，比当地黑山羊提高22.88%、25.10%；杂种一代周岁体重，公羊、母羊分别为45.36千克、42.17千克，比当地黑山羊分别提高14.86%、11.87%。

8）波尔山羊与四川仁寿山羊的杂交效果：四川省仁寿县畜牧局张质彬等利用波尔山羊与当地的山羊杂交。杂种一代平均初生重为3.40千克，比本地羊的2.20千克提高54.55%；杂种一代4月龄重为24.26千克，比本地羊的11.70千克提高107.35%；杂种一代6月龄重为34.40千克，比本地羊的16.67千克提高106.36%。这表明用波尔山羊杂交改良仁寿山羊的效果明显。

9）波尔山羊改良四川简阳大耳羊效果：四川省简阳市畜牧食品局郑水明用波尔山羊改良当地大耳羊，杂种一代初生重为3.87千克，4月龄重为24.19千克，周岁重为41.00千克，比当地羊（3.12千克、18.18千克、32.52千克）分别提高24.04%、28.26%、26.13%。杂种一代6月龄前日增重平均达147.50克，当地山羊仅为108.72克，6月龄以后逐渐下降。

10）波尔山羊杂交改良山西山羊效果：山西省农业科学院畜牧兽医研究所等单位于1998年引进波尔山羊在灵石县与当地山羊杂交，1999年底对杂种一代羯羊进行屠宰测定。杂种一代9月龄体重达37.55千克，相当于本地山羊成年体重，是同龄本地山羊体重的1.95倍；杂种一代胴体重为16.58千克，是本地山羊的1.99倍，羊肉的产量比本地羊多6.56千克，是本地山羊产肉量的2.05倍。羊肉营养成分分析结果表明，杂种一代羊肉水分比本地羊高1.47个百分点,干物质少 1.47 个百分点,但羊肉中粗蛋白的含量较本地山羊高 3.01 个百分点,粗脂肪少 4.43 个百分点(表 2-1)。

表 2-1 羊肉营养成分

组别	水分(%)	干物质(%)	粗蛋白(%)	粗脂肪(%)	灰分(%)	其他(%)
杂种一代	71.47	28.53	21.79	4.17	1.47	1.10
本地山羊	70.00	30.00	18.78	8.60	1.42	1.20

11)波尔山羊与奶山羊杂交效果:万博荣等 1999 年 6 月至 2000年 5 月在陕西省麟游县用波尔山羊与当地奶山羊杂交,杂种一代初生重为 3.51 千克,3 月龄重为 20.09 千克,8 月龄重为 37.42 千克,周岁重为 46.50 千克,比同龄奶山羊(2.80 千克、12.80 千克、24.90 千克和 35.25 千克)分别提高 25.36%、56.95%、50.28%和31.91%。屠宰测定,杂种一代周岁羯羊活重为 45.50 千克,胴体重为 23.63 千克,净肉重为 18.43 千克,屠宰率为 51.92%,净肉率为39.05%,杂种一代比奶山羊(35.25 千克、17.74 千克、12.52 千克、50.36% 和 35.51%)分别提高 29.08%、33.20%、47.20%、1.56 个百分点和 3.54 个百分点。

周占琴等用波尔山羊与关中奶山羊进行级进杂交试验,结果见表 2-2。

表 2-2 波尔山羊级进杂交关中奶山羊后代体重、体尺比较

羊别	初生重(千克)	3 月龄重(千克)	周岁重(千克)	周岁体高(厘米)	周岁体长(厘米)	周岁胸围(厘米)
波尔山羊	3.18	16.26	40.15	—	—	—
关中奶山羊	2.56	11.08	27.05	61.12	72.00	90.50
级进一代	2.82	14.89	36.35	58.61	71.03	94.56
级进二代	3.24	16.17	41.64	57.56	69.88	96.27
级进三代	3.16	15.58	38.67	57.33	69.03	96.47
级进四代	3.07	15.54	—	—	—	—

杂交结果表明，波尔山羊级进杂交关中奶山羊的后代体重均明显高于关中奶山羊，其中以级进二代的体重最大，级进三代、四代下降；级进杂交后的体高、体长均小于关中奶山羊，且随着级进代数的增加而下降，但级进后代的胸围均大于关中奶山羊。随着杂交代数的增加，杂种羊的抗病力有逐步下降的趋势，尤其是呼吸道发病率有所增加，这是有待研究解决的问题。

第二节 肉用绵羊 〉〉〉

一、萨福克羊

萨福克羊原产于英国的萨福克、诺福克、剑桥和艾塞克斯等地，是以南丘羊为父本，以当地体大、瘦肉率高的黑头有角诺福克羊为母本进行杂交培育而成。

1. 体形外貌　萨福克羊体格较大，头短而宽，公羊、母羊均无角。颈长，背腰宽广，体深，胸部较宽。头、耳、四肢黑色；耳大，略向下垂，并且无羊毛覆盖。肌肉丰满，后躯发育良好。羔羊的皮肤呈粉红色，成年羊则多为深色。

2. 生产性能

1）生长发育：体重，成年公羊为 90~100 千克，成年母羊为

60~70千克。

2）产肉性能：4月龄羔羊胴体重为24千克，肉嫩脂少。

3）产毛性能：剪毛量，成年公羊为5~6千克，成年母羊为3~4千克，毛长7~8厘米，净毛率在60%左右。

4）繁殖性能：产羔率为130%~140%。

3. 杂交利用　萨福克羊生长迅速，瘦肉率高，是生产大胴体和优质羔羊肉的理想品种。在英国、美国、澳大利亚等国是用作终端杂交的主要父本。

我国于20世纪70年代开始从澳大利亚引进萨福克羊，饲养在新疆、内蒙古、宁夏、河北、甘肃、陕西、北京、黑龙江、江苏等地，并对各地的绵羊进行杂交改良。

1）江苏省苏州市畜牧兽医站用萨福克公羊与当地湖羊杂交。在全舍饲、断奶羔羊每日补饲精料300克的条件下，杂种一代羔羊体重，初生重为4.54千克，3月龄重为21.99千克，6月龄重为38.02千克，比湖羊分别增加1.39千克、6.94千克和7.99千克。杂种一代从初生至6月龄平均日增重为182.3克，比湖羊增加35.4克。

2）唐道廉等在内蒙古锡林郭勒盟用萨福克羊与蒙古羊、细毛低代杂种羊进行杂交。杂种羊在以全年放牧为主，冬、春季少量补饲的条件下，公羔、母羔平均初生重为4.45千克、120日龄平均体重为30.46千克、150日龄平均体重为34.18千克，比同龄萨细杂种一代分别增加0.24千克、0.91千克、0.77千克。萨蒙杂种一代1.5岁母羊体重可达55.23千克，比4.5岁蒙古母羊（52.72千克）还高2.51千克。屠宰测定，190日龄萨福克杂种一代羯羔体重为37.25千克，胴体重为18.33千克，屠宰率为49.21%，净肉重为13.49千克，脂肪重为1.14千克。结果表明，萨福克羊改良蒙古羊或低代细

杂羊，后代生长发育快，产肉多，适合于牧区放牧肥育。

3）张若孝等在新疆紫泥种羊场用萨福克羊与中国美利奴羊（军垦型）进行杂交试验。在春、夏、秋三季以放牧为主、不补任何草料，入冬后补少量饲草饲料的条件下，杂种一代羔羊初生重为 3.36 千克，断奶重为 26.58 千克，比中国美利奴羊羔羊初生重减少 0.89 千克、断奶重增加 4.18 千克。这表明杂种一代羔羊早期生长慢，后期生长较快。屠宰测定，杂种一代 7.5 月龄羔羊宰前活重为 38.00 千克，胴体重为 16.47 千克，屠宰率为 43.34%。杂交效果良好。

4）张秀陶等于 1999 年在宁夏回族自治区畜牧兽医研究所用萨福克公羊与当地母绵羊进行杂交。杂种一代羔羊 1 月龄开始放牧，归牧后每只每天补全价颗粒饲料 100 克；3 月龄断奶，断奶后每只每天补全价颗粒饲料 200 克。试验结果表明，在放牧加补饲的条件下，萨福克羊与土种羊的杂交后代，表现出良好的杂种优势，适应性强，生长快，耐粗饲，肥育效果良好。

二、夏洛莱羊

夏洛莱羊原产于法国中部的夏洛莱丘陵和谷地，是以英国莱斯特羊、南丘羊为父本，以当地的细毛羊为母本杂交培育而成。

1. 体形外貌　夏洛莱羊公羊、母羊均无角，头部无毛，脸部呈粉红色或灰色。额宽，耳大，颈粗短，肩宽平，体躯长，胸宽深，肋部拱圆，背腰平直，肌肉发达，后躯宽大。四肢较短，两后肢距离大，呈倒 "U" 字形，姿势端正，肉用体形良好。

2. 生产性能

1）生长发育：夏洛莱羊生长发育快。体重，成年公羊为 110～

140 千克，成年母羊为 75~95 千克；周岁公羊为 70~90 千克，周岁母羊为 50~70 千克；4 月龄羔羊为 35~45 千克。

2）产肉性能：4~6 月龄羔羊胴体重为 20~23 千克。夏洛莱羊胴体质量好，瘦肉多，脂肪少，屠宰率在 50% 以上。

3）产毛性能：被毛同质，白色，匀度有些略差。毛长 4.0~7.0 厘米，剪毛量，成年公羊为 3~4 千克，成年母羊为 1.5~2.2 千克。

4）繁殖性能：母羊为季节性发情，发情旺季在 9~10 月。产羔率在 180% 以上。

3. 杂交利用　我国自 20 世纪 80 年代以来，先后引进夏洛莱羊数批，饲养在内蒙古、河北、河南、辽宁等地。各地在进行纯种繁殖的同时，还对当地的绵羊进行杂交改良。

1）田果良等在内蒙古苏尼特右旗用夏洛莱公羊杂交改良当地母羊。试验结果，杂种羊初生、4 月龄和 6 月龄，平均体重分别为 4.84 千克、31.71 千克和 40.20 千克，比本地羊（3.66 千克、26.30 千克和 33.60 千克）有较大提高；6 月龄胴体重平均为 19.50 千克，比本地羊增加了 3.71 千克，屠宰率为 48.50%，比本地羊提高了 1.5 个百分点。

2）1998—2001 年江苏省苏州市畜牧兽医站在苏州市种羊场用夏洛莱羊与当地湖羊进行杂交试验。试验羊实行全舍饲，每只参试母羊于配种期至配种后 1 个月、产前 1 个月至哺乳期结束，每天每只补饲精料 250 克。断奶羔羊每天每只补饲精料，2~4 月龄为 250 克，4~6 月龄为 300 克。试验结果，杂种一代初生重为 3.31 千克，3 月龄重为 18.25 千克，6 月龄重为 34.04 千克，比湖羊（3.15 千克、15.05 千克和 30.03 千克）分别提高 5.08%、21.26% 和 13.35%。杂种一代初生至 2 月龄、初生至 6 月龄平均日增重分别为 244.7 克、167.8

克，比同龄湖羊（195.1 克、146.9 克）分别提高 25.42%、14.23%。

3）王顺德等于 1992 年在河北保定地区用夏洛莱公羊与本地绵羊杂交。杂种一代 8 月龄进行屠宰试验。饲养方式是以放牧为主、舍饲为辅的集中群养，每天每只羊补饲整粒玉米 0.4 千克和部分甘薯蔓。预饲期为 7 天，试验期为 30 天。试验表明：杂种一代羊的体重、胴体重、净肉重明显高于本地绵羊，其肉用性能良好，经济效益显著。

4）张廷华等于 1992—1994 年在青海东部农业区平安县用夏洛莱公羊与藏母羊杂交。结果表明，在以放牧为主，冬、春季每日补饲 0.5～1.0 千克青干草，补饲 90～120 天，种公羊加适量精料的饲养条件下，杂种一代初生重为 3.74 千克，断奶重为 22.50 千克，7 月龄重为 32.17 千克，比同龄藏羊（3.06 千克、18.00 千克和 22.00 千克）分别提高 22.22%、25.00% 和 46.23%。屠宰结果，杂种一代 7 月龄体重为 36.17 千克，胴体重为 15.97 千克，屠宰率为 44.28%，比藏羊（23.17 千克、8.8 千克和 37.98%）分别提高 56.11%、81.48% 和 6.3 个百分点。

5）赵凤立等于 1998 年用夏洛莱公羊与细毛羊母羊杂交，进行不同饲养方式育肥试验。杂种一代羔羊断奶后，在舍饲、放牧补饲和放牧的条件下肥育 90 天。试验结果，舍饲组育肥体重平均为 47.68 千克，比放牧补饲和放牧对照组分别提高 24.49% 和 31.4%。舍饲组的屠宰率、净肉率分别为 51.69% 和 41.19%，比放牧补饲和放牧对照组分别提高 10.16 个百分点、10.51 个百分点和 7.68 个百分点、10.14 个百分点。

6）刘孝德等于 1991 在江苏省徐州市铜山种羊场用夏洛莱公羊与本地细毛母羊进行杂交。杂种一代初生重为 5.43 千克，4 月龄为

25.55 千克，8 月龄为 35.68 千克，比同龄细毛羊（4.27 千克、17.55 千克和 25.77 千克）分别提高 27.17%、45.58% 和 38.46%，差异均显著。杂种一代 8 月龄公羔屠宰测定结果，胴体重为 15.56 千克，净肉重为 11.38 千克，屠宰率为 43.44%，净肉率为 31.98%，比同龄细毛羊（12.50 千克、8.90 千克、38.26% 和 27.61%）分别提高 24.48%、27.87%、5.18 个百分点和 4.37 个百分点。结果表明，杂种羊肉用体形较好，前期增重尤其明显；净肉率高于细毛羊，瘦肉率较高，经济效益明显。

7）赵国明等于 1997 年在河南省叶县用夏洛莱公羊与小尾寒羊母羊进行杂交试验。杂种一代羔羊初生重为 3.5 千克，断奶重为 31.5 千克，6 月龄重为 42.3 千克，平均日增重为 215.5 克，杂种一代比当地羊分别提高 2.94%、73.08%、10.1% 和 30.29%。屠宰测定，10 月龄杂种一代羯羊体重为 66.5 千克，胴体重为 36.8 千克，净肉重为 28.9 千克，屠宰率为 55.10%，净肉率为 43.46%。杂种一代比小尾寒羊（60.5 千克、28.7 千克、20.7 千克、47.4% 和 34.20%）分别提高 9.92%、28.22%、39.61%、7.7 个百分点和 9.26 个百分点。试验结果表明，夏洛莱羊是杂交改良小尾寒羊，以及发展肉羊生产的理想父系品种之一。

三、无角道塞特羊

无角道塞特羊原产于澳大利亚和新西兰，该品种采用复杂育成杂交方法，杂交母本是雷兰羊和有角道塞特羊，父本为考力代羊，其杂种再与有角道塞特公羊回交，从后代中选择无角个体进行培育而成。无角道塞特羊具有生长发育快、早熟、繁殖季节长、耐热和

适应干燥气候等特点。

1. 体形外貌　无角道塞特羊体质结实，公羊、母羊均无角，颈短、粗，胸宽深，背腰平直，后躯丰满，四肢粗短，体躯呈圆桶状。全身被毛白色。

2. 生产性能

1）生长发育：无角道塞特羊生长发育快。体重，成年公羊为90~110千克，成年母羊为65~70千克。4~6月龄羔羊平均日增重为250克，6月龄体重达45~50千克。

2）产肉性能：经肥育的4月龄羔羊胴体重，公羔为22.0千克，母羔为19.7千克。

3）产毛性能：剪毛量为2~3千克，净毛率在60%左右，毛长7.5~10厘米，羊毛细度为56~58支。

4）繁殖性能：产羔率为130%。

3. 杂交利用　英国用边区莱斯特品种公羊与克伦森林品种母羊杂交，杂种一代母羊再用无角道塞特（或有角道塞特）品种公羊交配，其后代进行自群繁育，育成了考勃来新品种羊。澳大利亚在生产肥羔的过程中，大多数采用美利奴羊为母本、边区莱斯特羊为父本，杂种一代母羊再用无角（或有角）道塞特羊为父本杂交，其杂种二代供作肥羔，效果很好。

我国自20世纪80年代以来，从澳大利亚引入无角道塞特羊饲养在新疆、内蒙古、北京、甘肃、河北等地。在进行纯种扩繁的同时，对各地的绵羊进行杂交改良，效果良好。实例如下。

1）阎奋民等在山东省菏泽市郓城县用无角道塞特羊与当地小尾寒羊杂交。杂种羔羊20日龄至断奶前日均每只供给配合料135克，断奶至6月龄日均每只供给配合料350克，粗饲料以铡碎的干花生秧、甘薯秧为主。杂种羔羊平均初生重为 4.08 千克；6 月龄公羔平均体重为 40.44 千克，母羔平均体重为 35.22 千克，杂种一代比小尾寒羊分别提高 25.15%、18.25% 和 8.77%。屠宰 6 月龄杂种公羔，胴体重为 24.20 千克，比小尾寒羊（8 月龄）高 7.13 千克。

2）张若孝等在新疆紫泥泉种羊场用道塞特羊与中国美利奴羊（军垦型）杂交。杂种一代断奶重比中国美利奴羊增加 3.85 千克，提高 17.19%。杂种一代 7.5 月龄羔羊宰前活重为 37.00 千克，胴体重为 16.2 千克，分别比中国美利奴羊增加 4.95 千克、5.45 千克。杂种一代屠宰率为 43.78%，比中国美利奴羊提高 10.29 个百分点。

3）陈维德等用无角道塞特公羊在新疆与伊犁、阿勒泰等 8 个地的低代细毛杂种羊、粗毛羊杂交。杂种一代具有父本明显的肉用体形。在巴州种畜场，杂种一代 4 月龄平均体重比细毛羔羊高 5.2 千克；5 月龄宰前活重为 34.07 千克，胴体重为 16.67 千克，净肉重为 12.77 千克，屠宰率为 48.92%。在博州地区，杂种一代 7 月龄宰前活重为 42.38 千克，胴体重为 19.85 千克，净肉重为 14.23 千克，屠宰率为 46.80%；5 月龄和 7 月龄平均宰前活重比当地羊分别高 4.17 千克和 8.25 千克。杂交效果明显。

4）江苏省苏州市畜牧兽医站用道塞特公羊与湖羊杂交。在实行圈养，每天每只喂精料 350 克、青草和一定量豆科牧草的条件下，杂种一代公羔、母羔平均初生重为 3.73 千克，3 月龄为 17.87 千克，6 月龄为 32.75 千克，比同龄当地湖羊分别增加 0.58 千克、2.82 千克、2.72 千克。杂种一代从初生至 2 月龄，平均日增重为 232.30 克，比湖羊高 37.20 克；2~4 月龄，平均日增重为 144.10 克，比湖羊低 5.70 克；从初生至 6 月龄，平均日增重为 182.30 克，比湖羊高 11.70 克。这表明杂种一代羔羊初生及 6 月龄以后的体重较大。

5）刘金祥等在兰州郊区利用杂种优势进行羔羊肉生产的三元杂交试验，用无角道塞特公羊与寒滩一代（小尾寒羊×滩羊）母羊杂交。三元杂交后代初生重，单羔平均为 4.29 千克，双羔平均为 3.01 千克，比二元杂交后代分别增加 1.32 千克和 0.36 千克。三元杂交后代 3 月龄及 7 月龄体重分别为 15.56 千克和 33.20 千克，比二元杂交后代分别增加 2.18 千克和 8.26 千克，即分别提高 16.29% 和 33.12%。

四、罗姆尼羊

罗姆尼羊又名罗姆尼-马尔士，原产于英国东南部的肯特郡，故又称肯特郡羊。该品种是以当地体格硕大的旧型罗姆尼羊为母本、莱斯特公羊为父本进行杂交，经长期精心选择和培育而成。

目前该品种已分布到新西兰、澳大利亚、阿根廷、美国、加拿大、俄罗斯等国。由于各国生态条件和育种要求不同，因而该品种在体形外貌和生产性能等方面也不完全一样。

1. 体形外貌

1）英国罗姆尼羊：四肢较高，体躯长而宽，后躯比较发达，头部略显狭长，头和四肢被毛覆盖较差。体质结实，骨骼坚强，放牧游走能力强。

2）新西兰罗姆尼羊：肉用体形好，四肢粗壮，背腰宽平，体躯长，头和四肢被毛覆盖良好。

3）澳大利亚罗姆尼羊：体躯宽深，背部较长，前躯和胸部丰满，后躯发达。

2. 生产性能

1）生长发育：

（1）英国罗姆尼羊：成年公羊体重为 80 千克，成年母羊体重为 41 千克。

（2）新西兰罗姆尼羊：成年公羊体重为 77.5 千克，成年母羊体重为 43 千克。

（3）澳大利亚罗姆尼羊：成年公羊体重为 87 千克，成年母羊体重为 43 千克。

2）产毛性能：

（1）英国罗姆尼羊：剪毛量，成年公羊为 7 千克，成年母羊为 3.5 千克。

（2）新西兰罗姆尼羊：剪毛量，成年公羊为 7.5 千克，成年母羊为 4 千克。净毛率为 58%~60%。

（3）澳大利亚罗姆尼羊：剪毛量，成年公羊为 7.23 千克，成年母羊为 3.5 千克。净毛率为 60%。

3）繁殖性能：

（1）英国罗姆尼羊：产羔率为 104.6%。

（2）新西兰罗姆尼羊：产羔率为 106%。

（3）澳大利亚罗姆尼羊：产羔率为 105.5%。

3. 杂交利用　由于具有良好的产肉性能和生产优质半细毛的特点，罗姆尼羊在世界各地被用来进行新品种的培育。其中英国罗姆尼羊共参与了世界上 14 个绵羊新品种的培育，直接参与的有 9 个，间接参与的有 5 个；新西兰罗姆尼羊参与了世界上 5 个品种的培育，包括 3 个半细毛羊品种、2 个半粗毛羊品种。

我国从 1966 年开始，先后从英国、新西兰和澳大利亚引进罗姆

尼羊，分别饲养在青海、内蒙古、甘肃、山东、江苏、安徽、湖北、四川和云南等地。

罗姆尼羊引入我国后，与各地的细杂母羊杂交，其中新西兰罗姆尼羊的杂交效果较好。新西兰罗姆尼羊参加培育的半细毛羊有青海高原半细毛羊、内蒙古半细毛羊、陵川半细毛羊和云南半细毛羊等品种。

五、边区莱斯特羊

边区莱斯特羊原产于英国，是用莱斯特羊公羊与山地雪伏特母羊杂交培育而成的。

1. 体形外貌　边区莱斯特羊体躯长，背宽平，全身被毛白色。公羊、母羊均无角，鼻梁隆起，两耳竖立，头部及四肢无毛覆盖。

2. 生产性能

1）生长发育：体重，成年公羊为 90～100 千克，成年母羊为60～70 千克。

2）产毛性能：剪毛量，公羊为 5～6 千克，母羊为 3～3.5 千克。毛长 20～25 厘米，净毛率为 65%～80%。

3）繁殖性能：产羔率为 150%～180%，具有较好的早熟性，许多国家用其作为杂交生产肥羔的父本品种。

3. 杂交利用　我国从 1964 年开始，先后从英国、澳大利亚引进边区莱斯特羊，饲养在内蒙古、青海、四川、云南、西藏、新疆、甘肃及河北等地。各地在进行纯种繁殖的同时，还用其与当地母羊杂交，培育半细毛羊。

1）赵有璋等于 1991 年在海拔 3400 米、水草丰足的甘肃碌曲夏秋草原上用边区莱斯特公羊与西藏母羊杂交。杂种一代放牧育肥，6月龄杂种一代羯羊宰前活重为34.90千克，胴体重为14.70千克。采用放牧加补饲的育肥方法，11月龄杂种一代羔羊宰前活重为51.84千克，胴体重为25.44千克，屠宰率为49.07%。

2）张前中等为了促进甘肃高山细毛羊的早熟，提高产肉力，1993年用边区莱斯特公羊与甘肃高山细毛羊的经产母羊进行经济杂交。边细杂种一代初生重为3.47千克，4月龄断奶重为17.12千克，8月龄重为25.38千克，比细毛羊（2.98千克、13.66千克和19.49千克）分别提高16.44%、25.33%和30.22%。边细杂种一代初生至4月龄平均日增重为113.75克，初生至8月龄平均日增重为91.29克，杂种一代比细毛羊（89.00克、68.79克）分别提高27.81%、32.71%。屠宰测定，8月龄边细杂种一代羯羔宰前活重为22.97千克，胴体重为8.27千克，净肉重为6.19千克，屠宰率为35.99%，净肉率为26.95%，比细毛羊（21.72千克、7.95千克、5.57千克、36.84%和25.64%）分别提高5.76%、4.03%、11.13%、-0.85个百分点和1.31个百分点。其中，边细杂种一代屠宰率略低于细毛羊，这是由于在放牧条件下，没有任何补饲，羊只生长发育受到影响。

3）马曙生等在海拔3100～3400米的青海环湖牧区用边区莱斯特公羊与藏母羊杂交。杂种一代羔羊初生重为3.77千克，6月龄重为20.72千克，周岁重为31.90千克，比藏羊（2.89千克、20.26千克和24.92千克）分别提高30.45%、2.27%和28.01%。

4）陈宏猷等在甘肃省岷县和武都县用边区莱斯特公羊与当地的蒙古羊和新蒙杂种一代母羊进行杂交试验。试验结果，边蒙杂种一代初生重为3.45千克、6月龄重为19.37千克、周岁重为29.71千

克。其中除初生重比边新蒙略低 0.17 千克外，6 月龄重和周岁重分别比边新蒙增加 0.83 千克、2.27 千克；比蒙古羊分别提高 12.38%、30% 和 28.39%。屠宰测定结果，边蒙杂种一代 1.5 岁羯羊宰前活重为 35.54 千克，胴体重为 15 千克，屠宰率为 43.95%；边新蒙分别为 34.13 千克、14.17 千克和 41.52%；蒙古羊分别为 25.13 千克、10.27 千克和 40.87%。边蒙杂种一代的宰前活重、胴体重及屠宰率均高于边新蒙和蒙古羊。这说明边区莱斯特羊杂交改良当地蒙古羊及新蒙杂种一代的效果良好。

六、考力代羊

考力代羊为半细毛羊，原产地是新西兰。19 世纪后期开始，新西兰的考力代羊场用林肯公羊与美利奴母羊杂交，同时还混合了莱斯特羊、边区莱斯特羊等长毛型品种的血液，经 15 年精心培育而成。它具有早熟、产肉和产毛性能良好的特点。

1. 体形外貌　考力代羊头宽而健壮，额上覆盖羊毛，母羊无角，公羊无角或有小角。面、耳及腿白色，但常有小黑点，嘴唇及蹄为黑色。颈短而粗，背腰宽平，体躯呈圆桶状。肌肉丰满，后躯发育良好，四肢结实。全身被毛白色，腹毛着生良好。

2. 生产性能

1）生长发育：成年公羊体重为 100~105 千克，成年母羊体重为 46~65 千克。羔羊 4 月龄体重可达 35~40 千克。

2）产毛性能：成年羊剪毛量，公羊为 10~12 千克，母羊为 5~6 千克。净毛率为 60%~65%。毛长 9~12 厘米，弯曲明显，匀度良好，强度大。

3）繁殖性能：产羔率为 110%～130%。

3. 杂交利用

1）在哈萨克斯坦，K·卡雷姆沙科夫用考力代公羊与当地母羊杂交。杂交后代与对照组比较，18 月龄体重提高 3.5%，65 天肥育期的平均日增重提高 9.7%，145 天的平均日增重提高 25.9%，每千克增重少消耗饲料 11.3%～22.2%。

2）K·卡拉巴也夫用考力代和半细杂（林肯×哈萨克细毛羊）母羊杂交，杂交后代比对照组的体重高 5.68%，胴体重提高 11.89%，屠宰率提高 3.3 个百分点。

3）我国于 1947 年引进考力代羊 1000 只，分别饲养在江苏、浙江、山东、河北、甘肃等地。我国于 20 世纪 60 年代中期及 80 年代后期，又引进考力代羊饲养在黑龙江、吉林、辽宁、内蒙古、山西、安徽、山东、贵州、云南等地，除进行纯种繁殖外，还用来改良蒙古羊、西藏羊和小尾寒羊等。考力代羊是培育东北半细毛羊、贵州半细毛羊、山西陵川半细毛羊、云南半细毛羊的主要父系品种之一。它对新品种的羊毛、羊肉品质的提高起到了明显的作用。

七、德国肉用美利奴羊

德国肉用美利奴羊原产于德国，主要饲养在萨克森州。该品种是用泊列考斯公羊和英国莱斯特公羊与德国当地的美利奴母羊杂交，经长期选择和培育而成。

1. 体形外貌　德国肉用美利奴羊为肉毛兼用细毛羊。公羊、母羊均无角，颈部及体躯皆无皱褶。体格大，胸宽深，背腰平直，肌肉丰满，后躯发育良好。被毛白色。

2. 生产性能

1）生长发育：成年公羊体重为90~100千克，成年母羊体重为60~65千克。成熟早，生长发育快，6月龄羔羊体重可达40~45千克，高者达50~55千克。

2）产肉性能：胴体重为19~23千克，屠宰率为47%~51%。

3）产毛性能：毛密而长，弯曲明显。剪毛量，成年公羊为10~11千克，成年母羊为4.5~5.0千克。净毛率为45%~52%，毛长7.5~9.0厘米。

4）繁殖性能：周岁前就可配种。产羔率为150%~250%。

3. 杂交利用　德国肉用美利奴羊自20世纪50年代末开始引入我国，曾参与内蒙古细毛羊、阿勒泰肉用细毛羊等品种的育成。该品种对气候干燥、降雨量少的地区有良好的适应能力，且耐粗饲。用来改良我国的粗毛羊品种，如蒙古羊、西藏羊、小尾寒羊、同羊等，其后代生长发育快，产肉性能好。该品种是肉用型细毛羊或半细毛羊杂交育种中的理想父本品种之一，也是用于改良农区、半农半牧区粗毛羊或细杂母羊，增加羊肉产量的理想父本之一。

八、林肯羊

林肯羊原产于英国东部的林肯郡，利用莱斯特公羊与当地的土种母羊进行杂交改良，于1862年培育而成。

1. 体形外貌　林肯羊为长毛型半细毛羊。体质结实，体躯高大，结构匀称。头较长，颈短，前额有绺毛下垂。公羊、母羊均无角，脸、耳及四肢为白色，但偶尔出现小斑点。背腰平直，腰臀宽广，肋骨拱张良好。皮肤为红色。

2. 生产性能

1）生长发育：成年体重，公羊为 120～140 千克，母羊为 70～90 千克。4 月龄肥育羔羊体重，公羔为 22.0 千克，母羔为 20.5 千克。

2）产肉性能：成年羊胴体重，公羊为 82.0 千克，母羊为 51.0 千克。

3）产毛性能：剪毛量，成年公羊为 8～10 千克，成年母羊为 5.5～6.5 千克。净毛率为 60%～65%，毛长 20～30 厘米。

4）繁殖性能：产羔率为 120%。

3. 杂交利用　我国自 20 世纪 60 年代中期开始从英国和澳大利亚引进林肯羊，主要饲养在江苏、云南等地。

1）刘朝清等在 1991 年用林肯羊杂交改良小尾寒羊。杂种一代 6 月龄宰前活重为 39.03 千克，胴体重为 19.16 千克，净肉重为 15.39 千克，屠宰率为 49.13%，胴体净肉率为 80.40%。在全舍饲条件下，中等营养水平育肥 3 个月，每只杂种一代羊比小尾寒羊增加 22.21 元的收入。

2）木乃尔什于 1991 年在四川省会东县用林肯羊与罗美藏母羊杂交。试验结果，杂交后代公羔初生重为 3.75 千克，断奶重为 20.08 千克，周岁重为 46.80 千克，比对照组分别提高 3.88%、2.45% 和 4.67%；母羔体重分别为 3.64 千克、16.48 千克、35.42 千克，比对照组分别提高 5.20%、1.02% 和 16.32%。两岁半林罗美藏母羊体重为 44.09 千克。

3）买买提明等于 1990 — 1994 年在新疆塔克拉玛干大沙漠南缘的策勒县草场上用林肯公羊与山区型和田羊杂交。杂种一代羔羊各生长阶段体重比和田羊均有明显的提高。杂种一代羔羊初生重，公羊、母羊分别为 3.82 千克、3.35 千克；断奶重分别为 27.57 千克、23.56 千

克;周岁重分别为 37.02 千克、29.98 千克;成年重分别为 44.92 千克、32.92 千克。杂种一代比和田羊分别提高 40.44%、39.00%,44.19%、35.48%,49.58%、47.03%,35.13%、19.45%。

九、阿勒泰肉用细毛羊

阿勒泰肉用细毛羊是由新疆生产建设兵团农十师 181 团于 1994 年育成的我国第一个肉用细毛羊新品种。该品种以当地阿勒泰羊为母本,引用阿尔泰细毛羊和高加索细毛羊为父本进行杂交,经精心选择培育而成。

1. 体形外貌 阿勒泰肉用细毛羊的公羊和母羊均无角,体躯呈圆桶形,肉用体形明显。

2. 生产性能

1) 生长发育:具有成熟早、体格大、生长快的特点。成年公羊体重为 107.38 千克,成年母羊体重为 55.54 千克。在良好的饲养管理条件下,6 月龄公羊平均体重为 49.17 千克,达成年公羊体重的 45.79%,周岁公羊平均体重为 77.3 千克,达成年公羊体重的 72%。

2) 产肉性能:屠宰率在 50.25% 以上,净肉重为 17.24~17.55 千克,瘦肉重为 13.41~14.70 千克,骨肉比为 1:(3.4~4.41)。

3) 产毛性能:被毛白色,羊毛同质。成年公羊剪毛量为 9.2 千克,净毛率为 55%,毛长 9.84 厘米;成年母羊剪毛量为 4.26 千克,净毛率为 51.92%,毛长 7.26 厘米。

4) 繁殖性能:产羔率为 120% 左右。

十、特克塞尔羊

特克塞尔羊原产于荷兰，用莱斯特羊、林肯羊与当地马尔盛夫羊杂交，经长期选育而成。

1. 体形外貌 特克塞尔羊头大小适中，颈中等长、粗，体格大，前胸宽深，肋骨开张良好，后躯丰满，两后腿间裆宽，体躯长宽呈矩形。四肢开张、直立、粗壮有力。被毛白色，头部和四肢无毛。

2. 生产性能

1）生长发育：成年公羊体重为 115~130 千克，成年母羊体重为 75~80 千克。羔羊生长发育快，4 月龄公羔体重可达 40 千克，6~7 月龄可达 50~60 千克。

2）产毛性能：剪毛量，成年公羊为 5.0 千克，成年母羊为 4.5 千克。净毛率为 60%，毛长 10~15 厘米。

3）繁殖性能：产羔率为 150%~160%。性早熟，母羔 8 月龄可配种繁殖。母羊发情季节长，泌乳性能良好。

3. 杂交利用 特克塞尔羊因早熟、生长发育快而被用作发展肉羊和进行经济杂交生产肥羔的父本，并被世界各国引进。

1）王大广等于 1996 年在吉林省双辽市用含 1/2 特克塞尔羊血统的种公羊与当地细毛羊进行杂交试验。产生的含 1/4 特克塞尔羊血统的羊，初生重为 4.5 千克，断奶重为 22.77 千克，日增重为 152 克，比当地细毛羊（4.5 千克、20.1 千克和 130 克）分别提高 0%、13.28% 和 16.92%。结果表明，用特克塞尔肉羊改良当地细毛羊，其后代早期生长发育有明显提高。育肥羔羊屠宰测定，1/4 血统羊育肥期日增重为 151.66 克，宰前活重为 32.75 千克，胴体重为 14.51千克，净肉重为 11.87 千克，屠宰率为 44.52%，净肉率为 36.17%，比当地绵羊（120.56 克、30.16 千克、11.98 千克、9.38 千克、39.77%和31.13%）分别提高 25.80%、8.59%、21.12%、26.55%、4.75 个百分点和5.04 个百分点。

2）江苏省苏州市畜牧兽医站于 2000 年 9 月至 2001 年在苏州市种羊场用特克塞尔公羊与湖羊进行杂交试验。在实行全舍饲，参试母羊在配种期至配种后 1 个月、产前 1 个月至哺乳期结束补精料，每天每只补饲 250 克的条件下，羔羊 2 月龄断奶，断奶后每只每天补精料 350 克（含粗蛋白质 18%、消化能 13.44 兆焦）；4~8 月龄每只每天补精料 300 克（含粗蛋白质 17%、消化能 13.02 兆焦）。杂种一代羔羊初生重为 4.50 千克，3 月龄重为 22.20 千克，6 月龄重为39.22 千克，比湖羊（3.15 千克、15.05 千克和 30.03 千克）分别提高 42.86%、47.51%和 30.60%。杂种一代从初生至 2 月龄平均日增重为 289.9 克，从初生至 6 月龄平均日增重为 189.8 克，比湖羊（195.1 克、146.9 克）分别提高 48.59%、29.20%。

第三章

羊的习性特点介绍

第一节 羊的表象特征 〉〉〉

一、肉用山羊

头大小适中，颈部较短而粗，鬐甲较宽，结构匀称。胸部较宽圆，背腰平直，臀部宽大，后躯发育良好。四肢端正，整个体形呈长方形。

二、肉用绵羊

头短而宽，颈部较短而粗，鬐甲较宽而低，肌肉和脂肪发达。胸部宽阔，肋骨开张良好，背腰平直，后躯发育良好，肌肉丰满。两后腿间距较宽，开张呈"∩"形。四肢较短而端正，坚实有力。整个体形呈长方形。

第二节 羊的产肉性能 >>>

一、生长发育快

肉用羊在早期生长发育阶段，增重特别快。平均日增重，萨福克羊160日龄为238克，牛津羊152日龄为248克，道塞特羊173日龄为218克，法国岛羊175日龄为218克。南非波尔山羊日增重，初生至体重10千克时，为62.4克；10~23千克时，为139克；23~32千克时，为181克；32~41千克时，为194克。一般每月增重5~6千克。江苏省徐州市江庄乡购进的断奶波尔山羊公羊在较好的饲养条件下，日增重为250克。无角道塞特羊周岁母羊的体重，相当于成年母羊体重的78.6%；萨福克羊周岁母羊的体重，相当于成年母羊体重的79.1%；小尾寒羊周岁母羊的体重，相当于成年母羊的85%。因此，人们可利用肉羊早期生长发育快的特点来发展肉羊生产和提高养羊的经济效益。

二、肉营养丰富

相比于绵羊肉，山羊肉色泽较红，脂肪含量较低。绵羊的脂肪

45

在皮下、肌肉间和内脏器官周围分布较均匀，而山羊的脂肪主要贮存在内脏器官周围，在皮下和肌肉中分布较少。不同膘情绵羊肉的营养成分见表3-1。

表3-1 不同膘情绵羊肉中营养成分的含量（%）

膘情	水分	干物质	蛋白质	脂肪	灰分
上等	52.9	47.1	15.3	31.0	0.8
中上等	57.1	42.9	16.0	26.0	0.9
中等	65.1	34.9	17.0	17.0	0.9
中下等	72.5	27.5	20.0	6.5	1.0

羊肉营养丰富，其所含主要氨基酸的种类和数量，符合人体营养需要。羊肉的蛋白质含量低于牛肉，高于猪肉；脂肪含量低于猪肉，高于牛肉；产热量也低于猪肉，高于牛肉（表3-2）。每100克羊肉脂肪中含有胆固醇仅29毫克（牛肉为75毫克，猪肉为74.5～126毫克），是理想的营养佳品，且人对羊肉的消化率亦高。因此，羊肉在一些国家被列为上等食品。

表3-2 羊肉与牛肉、猪肉的营养成分比较（%）

成分	绵羊肉	山羊肉	牛肉	猪肉
水分（%）	48.0～65.0	61.7～66.7	55.0～60.0	49.0～58.0
蛋白质（%）	12.8～18.6	16.2～17.1	16.2～19.5	13.5～16.4
脂肪（%）	12.8～18.6	15.1～21.1	11.0～28.0	25.0～37.0
矿物质（毫克/100克）	0.8～0.9	1.0～1.1	0.8～1.0	0.7～0.9
热能值（兆焦/千克）	38.5～66.9	36.8～56.5	31.4～56.1	52.7～68.2

羊肉中所含赖氨酸、精氨酸、组氨酸、色氨酸、苏氨酸、丝氨酸、胱氨酸、酪氨酸的量均高于牛肉、猪肉和鸡肉（表3-3）。

表3-3　羊肉与其他几种肉类的氨基酸含量（%）

氨基酸种类	羊肉	牛肉	猪肉	鸡肉
赖氨酸	8.7	8.0	3.7	8.4
精氨酸	7.6	7.0	6.6	6.9
组氨酸	2.4	2.2	2.2	2.3
色氨酸	1.4	1.4	1.3	1.2
亮氨酸	8.0	7.7	8.0	11.2
异亮氨酸	6.0	6.3	6.0	
苯丙氨酸	4.5	4.9	4.0	4.6
苏氨酸	5.3	4.6	4.8	4.7
蛋氨酸	3.3	3.3	3.4	3.4
缬氨酸	5.0	5.8	6.0	
甘氨酸		2.0		1.0
丙氨酸		4.0		2.0
丝氨酸	6.3	5.4		4.7
天冬氨酸		4.1		3.2
胱氨酸	1.0	1.0	1.0	1.0
脯氨酸		6.0		
谷氨酸		15.4		16.8
酪氨酸	4.9	4.0	4.4	3.4

三、肉品质好

羊肉品质受品种、年龄、性别、营养水平和屠宰季节等因素的影响。对羊肉的品质要求，也因人们的习惯和爱好各有差异，一般要求如下。一是肌肉丰满、柔软、多汁，肉有香味则肉的品质好。二是肉块紧凑、美观，烹调时可以切成鲜嫩的肉片，适合多种菜谱的配制。三是脂肪匀称、适中。皮下脂肪和肌肉间脂肪的比例要高，

47

皮下脂肪均匀地分布在胴体的整个表面。脂肪含量由少到多依次为：花油—板油—肌肉间脂肪—皮下脂肪。上等品质肥羔的胴体，必须有一层皮下脂肪。四是肉细、色鲜、可口。肌肉鲜嫩，所含水分宜少，肌肉间脂肪呈大理石状。肉色鲜红，脂肪坚实、洁白，脂肪中的不饱和脂肪酸含量高。

第三节 羊在生物学上的特性 >>>

一、羊的行为特点及其生活习性

绵羊和山羊属于同一科的食草反刍家畜，它们有很多相似的生物学特性，又有较大差别，总的说来，相同点多于相异点。

1. 行为特点

1）绵羊：性情温驯，行动较迟缓。缺乏自卫能力，合群性较强，警觉机灵，觅食力强，适应性广，全身覆盖毛绒，属沉静型小型反刍动物。

2）山羊：性格勇敢活泼，动作灵活，合群性不及绵羊，善于攀登陡峭的山岩，有一定的抵御兽害的能力。山羊比绵羊分布广，适应性更强，行动敏捷，觅食面较绵羊更广，其被毛较稀短，多为发毛，较绵羊耐热、耐湿而不耐寒。属活泼型小型反刍动物。

2. 生活习性

1）采食力强，利用饲料广泛：绵羊和山羊具有薄而灵活的嘴唇和锋利的牙齿，能啃食短草，采食能力强。嘴较窄，喜食细叶小草，如羊茅和灌木嫩枝等。四肢强健有力，蹄质坚硬，能边走边采食。能利用的饲草饲料广泛，包括多种牧草、灌木、农副产品以及禾谷类籽实等。

2）合群性强：羊的合群性强于其他家畜，绵羊又强于山羊，地方品种强于培育品种，毛用品种强于肉用品种。驱赶时，只要有"头羊"带头，其他羊只就会紧紧跟随，如进出羊圈、放牧、起卧、过河、过桥或通过狭窄处等。羊的合群性有利于放牧管理，但如果羊群之间距离太近时，则往往容易混群。

3）喜干燥，怕湿热：羊喜干燥，最怕潮湿的环境。所以放牧地和栖息场所以高燥为宜。潮湿环境易使羊感染各种疾病，特别是肺炎、寄生虫病和腐蹄病，也会使羊毛品质降低。山羊比绵羊更喜干燥，对高温、高湿环境的适应性明显高于绵羊。绵羊因品种不同对潮湿环境的适应性也不同，细毛羊喜欢温暖、干旱、半干旱的气候，肉用羊和肉毛兼用羊则喜欢湿润、温暖的气候。

4）爱清洁：羊遇到有异味、被污染、沾有粪便或腐败的饲料和饮水，甚至连自己践踏过的饲草，就宁可忍饥挨饿也不食用。因此，舍饲的羊要有草架，料槽、水槽要清洁，饮水要勤换，放牧草场要定期更换，实行轮牧。

5）性情温驯，胆小易惊：绵羊、山羊性情温驯，胆小，自卫能

力差，受到惊吓就容易"炸群"。所以，要加强放牧管理，保持羊群安静。

6）保姆性强：羊的嗅觉灵敏，母羊主要凭嗅觉鉴别自己的羔羊，视觉和听觉起辅助作用。羔羊出生后与母羊接触几分钟，母羊就能通过嗅觉鉴别出自己的羔羊。在大群的情况下，母子也能准确相识。利用这一点可解决孤羔代乳的问题。

7）抗病力强：羊对疫病的耐受力比较强，在发病初期或遇小病时，往往不像其他家畜表现得那么敏感。

8）善游走：绵羊、山羊均善游走，有很好的放牧性能。但由于品种、年龄及放牧地的不同，游走距离也有差别。地方品种比培育品种游走距离大；肉用羊、奶用羊比其他羊游走距离小；年龄小的和年龄大的比成年羊游走距离小；在山区游走比平地上的距离小。在游牧地区，从春季草场至夏季草场的3000多米距离，羊都能顺利进行转移。

二、羊的繁殖特性

1. **性早熟**　性早熟是指性器官发育快，达到配种体重的年龄较早。首先是初情期早，绵羊、山羊的初情期一般为4~8月龄，而肉用羊的初情期可提早到3~6月龄。母羊到达初情期的表现为发情和排卵，但初情期的母羊并不完全具备繁殖能力，因为身体发育还未成熟。当母羊体重达到成年母羊体重的60%~70%时，才可进行第一次配种。此外，母羊初情期的早迟和品种、气候、营养等因素有密切关系。一般个体小的品种早于个体大的品种；山羊早于绵羊；湿润、气温较高的南方母羊早于北方母羊；早春产的母羔比夏秋产的母羔发情早；营养好、增重快的母羊初情期也较早，营养不足的母羊初情期则推迟。

2. **四季发情** 大多数肉用羊一年四季都可以发情配种。如我国的绵羊品种湖羊、小尾寒羊，国外品种萨福克羊、无角道塞特羊、特克塞尔羊等均为全年发情。生长在温暖地区的山羊及培育程度高的山羊品种虽然全年发情，但并非全年每月都一样，而是有两个发情高潮，分别出现在夏初（5月）和秋季（10~11月），且秋季性活动比夏初强烈。分布在温带、亚热带和热带的山羊一年可产两胎或两年3胎。母山羊的发情表现比母绵羊强烈，自成年母羊又较育成母羊表现明显。

3. **繁殖力高** 高繁殖力是肉羊的重要特性，也是发展肉羊业的主要经济性状之一。羊的繁殖力是一个包含多方面的综合概念。对母羊来讲，主要是指在一生或一段时间内繁殖后代数量多少的能力。肉羊高繁殖力包括多胎多产（一年2产或两年3产，一胎产2羔以上）、保姆性好、泌乳力强等。

为了发展肉羊业，各国都选择和利用高繁殖力的品种与低繁殖力的品种杂交。在苏格兰利用芬兰兰德瑞斯羊、东弗里兹羊、边区莱斯特羊和有角道塞特羊4个品种进行复杂杂交培育成高繁殖力的"达姆莱因"新品种。新品种含47%的兰德瑞斯羊血统、24%的东弗里兹羊血统、17%的边区莱斯特羊血统和12%的有角道塞特羊血统。其中兰德瑞斯羊遗传了多胎性（产羔率270%）和多次发情，其他3

个品种分别遗传了泌乳性能高、体形大和产肉性能好、适应性强的特点。用达姆莱因公羊与苏格兰黑面羊杂交所产的杂种母羊的产羔率达到183%。在捷克用繁殖率高的罗曼诺夫羊（产羔率250%~300%）与肉用美利奴羊杂交，杂种母羊的产羔率达到184%。德国肉用美利奴羊的产羔率为150%~250%，法国夏洛莱羊的产羔率为180%以上，波尔山羊的产羔率为150%~190%。我国小尾寒羊的产羔率为260%~270%，湖羊为230%~270%，南江黄羊为187%~219%，马头山羊为190%~200%。

三、肉羊的消化机能特点

1. 消化器官特点

1) 复式胃：又称多胃。羊的胃从外观上看虽是一个整体，但从其内部看，是由4个部分构成的，其先后顺序分别为瘤胃、网胃、瓣胃和真胃。羊的4个胃的总容积约占全部消化道容积的2/3，其总容量约为30升，位于腹腔左侧，占腹腔容积的1/2以上。瘤胃紧靠左腹壁，其容积约占胃总量的79%。因而，从左肷窝的饱满程度可以知道羊的饥饱情况，在此触诊和听诊可以了解瘤胃的健康状况。瘤胃的前端伸展成网胃，为球形，其容积约为2升，内壁分成许多网状格，如蜂巢状，故又称蜂巢胃。网胃与瘤胃紧连在一起，其生理作用相似，借助微生物对饲草、饲料进行消化，构成一个内有多种微生物的发酵罐。网胃右上方连接瓣胃，其容积约为0.9升，内壁有许多纵形褶膜，能对食物进行机械性压榨和研磨作用。瓣胃右下方连接真胃，为圆锥形，容积约为 3.3 升，胃壁有胃腺，能分泌胃酸和蛋白酶，胃液的作用是降解蛋白质、降低食糜的酸碱度。因前 3 个胃没有腺体组织，故称为前胃，第四个胃能分泌消化液，故称真胃，又称后胃。真胃的幽门连接十二指肠，胆囊中的胆汁从十二指肠处进入小肠，将脂肪分解为脂肪酸和甘油，被小肠黏膜所吸收；胰腺也开口于十二指肠，其分泌的胰蛋白酶进一步把蛋白质降解为氨基酸等，被小肠黏膜吸收。

2）小肠长：羊肠是吸收和进一步消化营养物质的重要器官。家畜中以羊的肠子为最长，且山羊的相对长度大于绵羊。羊的小肠长度为自身长度的 26 倍。在羊的右下腹部可以听到小肠音。食糜在小肠内，其可消化营养物质由小肠继续消化吸收。

小肠长意味着羊的消化吸收能力强。小肠内产生的蛋白酶、脂肪酶、转氨酶可将胃没有消化的食物进一步消化吸收。羊食入饲料中的可消化干物质约有 11% 由小肠消化。

2. 反刍　羊的瘤胃好比是个"贮藏库"。羊采食草料时，没有充分咀嚼，很快将食物吞入瘤胃中，在瘤胃中经浸泡和软化，不久即进行反刍。反刍时，在食道横纹肌的作用下，先逆呕一个食团到口腔中，反复咀嚼 40~60 次，混合唾液后重新咽下。经咀嚼后的食糜有利于微生物的发酵、分解，同时由于吞进大量唾液，还可以为微生物提供营养并中和瘤胃发酵产生的酸。

羊的反刍时间与采食牧草的质量、牧草纤维含量密切相关。纤维粗、质量差的牧草反刍时间长，反之则反刍时间短。一般情况下，在进食后 40~70 分钟出现第一次反刍周期。羊每天反刍总次数约为

8 次，逆呕食团约为 500 个。饲草饲料在瘤胃发酵过程中，不断产生二氧化碳、甲烷和少量的氢、氧、硫化氢等气体，这些气体一部分由血液吸收后经由肺排出，一部分被瘤胃微生物利用，绝大部分由口腔逸出，称为嗳气。如果羊只过度疲劳、患病或受到外界强烈刺激，就会造成反刍紊乱或停止，引起瘤胃滞食或鼓胀，影响羊的健康。

3. 哺乳羔羊消化特点　羔羊初生后，前胃很小，只有真胃的 50%。羔羊所吃的母乳经食道进入真胃。初生至 3 周龄的羔羊，瘤胃黏膜乳头软而短小，微生物区系尚未建立起来，反刍功能不健全，不能大量利用粗饲料，消化机能只能依靠真胃和小肠。而真胃和小肠的消化液中缺乏淀粉酶，因而对淀粉类的消化能力很差，当淀粉过多时，易出现腹泻。羔羊从 21 日龄开始，出现反刍活动。随着日龄的增长和食量的增加，消化酶的分泌也逐渐增加，对粗纤维的消化能力也不断增强。羔羊生后 10~14 天开始采食青饲料，1 个月左右就能大量采食植物性饲料。因此，对哺乳羔羊，应及早补饲质量好、易消化的青绿饲料，为瘤胃内微生物的生长繁殖创造营养条件，以迅速建立微生物区系，增强对饲料的消化能力。

4. 瘤胃的消化特点　羊的瘤胃黏膜没有胃腺，不能分泌胃液，但摄入的可消化干物质的 70% 在瘤胃中消化，这主要是微生物区系在起巨大作用。瘤胃微生物包括细菌和纤毛虫，起主导作用的是细菌。每 1 克瘤胃内容物中含 500 亿~1000 亿个细菌，每毫升瘤胃液中含纤毛虫 20 万~400 万条。瘤胃的消化功能主要包括以下三点。

1）分解粗纤维：植物性饲料中，碳水化合物占其主要养分的

75%,而其中的纤维素属于不易消化利用的碳水化合物,占干物质的20%~50%。饲料在瘤胃内发酵,首先是使饲料中的粗纤维质地变软、结构变疏松,然后在微生物分泌的纤维素分解酶的作用下,将饲料中的粗纤维分解为易消化的碳水化合物,被羊利用。同时产生乙酸、丙酸和丁酸等挥发性脂肪酸,它们既可以合成葡萄糖,又可以与氨在微生物酶的作用下合成氨基酸而被羊吸收利用,还可以维持瘤胃内正常的酸碱度。

2)合成微生物蛋白:瘤胃微生物不仅能将植物中的低级蛋白质合成高级蛋白质,还能将一些非蛋白结构的含氮化合物(氨化物和尿素)合成高质量的微生物蛋白。瘤胃依靠微生物的作用,将饲料中50%~70%的蛋白质分解为非蛋白氮,与饲料和唾液中的非蛋白氮最终转化成氨,微生物利用发酵产生的低级脂肪酸和释放出来的能量,将氨合成微生物蛋白。微生物蛋白和未被分解的蛋白随食糜进入真胃和小肠,在蛋白酶的作用下分解为氨基酸而被羊吸收利用。瘤胃微生物也可将蛋白质直接分解为氨基酸,同时也有一部分微生物蛋白在瘤胃内再次分解为氨,多余的氨经胃壁进入血液,在肝脏内转化为尿素,再经血液循环,以唾液的形式回到瘤胃中。

测定结果表明,由瘤胃转移到真胃内的蛋白质,约有82%属于菌体蛋白。这些蛋白质在胃蛋白酶的作用下,在小肠内进一步消化吸收,它可满足羊体基础代谢对蛋白质需要量的30%~40%。试验表明,绵羊在干草日粮中,一昼夜内可从瘤胃内获得大约30克的菌体蛋白。纤毛虫与细菌蛋白这两种菌体蛋白的生物学价值虽然同为80%,但纤毛虫的消化率为91%,且富含氨基酸,而细菌蛋白的消

化率仅为 74%。

3）合成 B 族维生素和维生素 K：除了哺乳的幼龄羔羊，发育成熟的瘤胃微生物合成 B 族维生素和维生素 K 的数量一般可以满足机体的需要，所以羊的饲料中一般不需再另外补充。

第四章

羊的高效繁育技术

现代肉羊生产中，繁殖技术是一大关键环节。繁殖技术不仅影响肉羊业的生产效率，而且也是畜牧科学技术水平的综合反映。

随着科学技术的迅速发展，肉羊繁殖技术也在不断进步。通过有效地控制、干预繁殖过程，肉羊生产能按照人类的需求，有计划地进行。

第一节　羊的繁殖现象和规律　　　〉〉〉

一、羊的繁殖季节

绵羊、山羊的繁殖季节（亦称配种季节）是通过长期的自然选择逐渐演化而形成的，其主要决定因素是分娩时的环境条件要有利于初生羔羊的存活。

绵羊、山羊的繁殖季节因品种、地区而有差异，一般是在夏、秋、冬三个季节母羊有发情表现。母羊发情时，卵巢机能活跃，滤泡发育逐渐成熟，并接受公羊的交配。

平时，卵巢处于静止状态，滤泡不发育，也不接受公羊的交配。母羊发情之所以有一定的季节性，是因为在不同的季节中，光照、气温、饲草饲料等条件发生变化，由于这些外界因素的变化，特别是母羊的发情要求由长变短的光照条件，因此发情主要在秋、冬两季。

在饲养管理条件良好的年份，母羊发情开始早，而且发情整齐、旺盛。公羊在任何季节都能配种，但在气温高的季节，易出现性欲减弱或者完全消失，精液品质下降，精子数目减少、活力降低、畸形精子增多等问题。在气候温暖、海拔较低、牧草饲料良好的地区，饲养的绵羊、山羊品种一般一年四季都发情，配种时间不受限制。

二、性成熟和初次配种年龄

性成熟是指性器官已经发育完全，具有产生繁殖能力的生殖细胞和性激素。绵羊的性成熟时期，虽因品种和分布地区的不同而略有差异，但一般是在5~8月龄，在这个时候，公羊可以产生精子，母羊可以产生成熟的卵子，如果此时公羊、母羊相互交配，即能受胎。但要指出的是，绵羊达到性成熟时并不意味着可以配种，因为绵羊刚达到性成熟时，其身体并未达到充分发育的程度，如果这时进行配种，就可能影响它自身和胎儿的生长发育。因此，公羔、母羔在4月龄断奶时，一定要分群管理，以免偷配。

绵羊的初次配种年龄一般在1.5岁左右，但也受绵羊品种和饲养管理条件的制约。

在当前我国的广大农村牧区，凡是草场或饲养条件良好、绵羊生长发育较好的地区，初次配种都在1.5岁，而草场或饲养条件较差的地区，初次配种年龄往往推迟到2~3岁时进行。

如中国美利奴羊（军垦型），母羊性成熟一般为8月龄，早的为6月龄；母羊体成熟为12~15月龄，当体重达到成年母羊的85%时，

可进行第一次配种,一般初配年龄以 18 月龄为宜。

山羊的性成熟比绵羊略早,如青山羊的初情期为 108.42 日龄±17.75 日龄,马头山羊为 154.30 日龄±16.75 日龄。

三、发情

发情为母羊在性成熟以后,所表现出的一种具有周期性变化的生理现象。母羊发情时有以下表现特征。

1. **性欲** 性欲是母羊愿意接受公羊交配的一种行为。母羊发情时,一般不抗拒公羊接近或爬跨,或者主动接近公羊并接受公羊的爬跨交配。在发情初期,性欲表现不甚明显,以后逐渐显著。排卵以后,性欲逐渐减弱,到性欲结束后,母羊则拒绝公羊接近和爬跨。

2. **性兴奋** 母羊发情时,表现为兴奋不安。

3. **生殖道发生一系列变化** 外阴部充血肿大,柔软而松弛,阴道黏膜充血发红。上皮细胞增生,前庭腺分泌物增多,子宫颈开放,子宫蠕动增强,输卵管的蠕动、分泌和上皮纤毛的波动也增强。

4. **卵泡发育和排卵** 卵巢上有卵泡发育成熟,发育成熟后卵泡破裂,卵子排出。

母羊在某一时期出现上述四方面的特征,通常都称为发情。从母羊开始表现上述特征到这些特征消失的时期叫发情持续期。

母羊的发情持续期与品种、个体、年龄和配种季节等有密切的关系。如中国美利奴羊为 1~2 天,山东小尾寒羊为 30.23 小时±4.84 小时,马头山羊为 2~3 天,波尔山羊为 1~2 天,青山羊为 49.56 小时±11.83 小时。

羊在发情期内,若未经配种,或虽经配种但未受孕时,经过一段时间会再次发情。由上次发情开始到下次发情开始的时期,称为发情周期。发情周期同样受品种、个体和饲养管理条件等因素的影响。如阿勒泰羊为 16~18 天，湖羊为 17.5 天，成都麻羊为 20 天，雷州山羊为 18 天，波尔山羊为 14~22 天。

四、怀孕

绵羊、山羊从开始怀孕到分娩，这一时期称为怀孕期或妊娠期。怀孕期的长短，因品种、多胎性、营养状况等的不同而略有差异。

早熟品种多半是在饲料比较丰富的条件下育成的，怀孕期较短，平均为 145 天左右；晚熟品种多是在放牧条件下育成的，怀孕期较长，平均为 149 天左右。

部分绵羊、山羊品种的平均怀孕期如下：南丘羊为 144 天，施罗普夏羊 145 天，萨福克羊为 147 天，罗姆尼羊为 148 天，考力代羊为 150 天，中国美利奴羊为 151.6 天±2.31 天，无角道赛特羊为 147.39 天±1.46 天，波德代羊为 145.62 天±1.52 天，小尾寒羊为 148.29 天±2.06 天，马头山羊为 149.68 天±5.35 天，建昌黑山羊为 149.13 天±2.69 天，波尔山羊为 148.2 天±2.6 天。

第二节 配种方法和人工授精　　　〉〉〉

一、羊的配种方法

羊的配种方法有两种，即自然交配和人工授精。

自然交配是养羊业中最原始的配种方法。这种配种方法是在绵羊的繁殖季节，将公羊、母羊混群放牧，任其自由交配。用这种方法配种时，节省人工，不需要任何设备，如果公羊、母羊比例适当（一般为1：30~1：40），受胎率也相当高。但是，用这种方法配种也有许多缺点，比如由于公羊、母羊混群放牧，公羊会追逐母羊交配，不仅影响羊群的采食抓膘，而且公羊的精力也消耗太大；无法了解后代的血缘关系；不能进行有效的选种选配；另外，由于不知道母羊配种的确切时间，无法推测母羊的预产期，同时由于母羊产羔时期拉长，所产羔羊年龄大小不一，这些会造成管理上的困难。

近年来，赵有璋等在技术、设备、劳动力等条件不足的甘肃省甘南牧区，利用家畜性行为特点，到繁殖季节，将几只体质健壮、精力充沛和精液品质良好的种公羊同时投入繁殖母羊群中，公母比例为1：（80~100），让公羊和母羊自由交配。但是每天必须将公羊从母羊群中分隔出来休息半天，并且进行补饲，保证其配种需要的营养。实践证明，这种方法效果十分理想。

为了克服自然交配的缺点，同时又不需进行人工授精，可采用人工辅助交配法，即公、母分群放牧，到配种季节每天对母羊进行试情，然后把挑选出来的发情母羊与指定的公羊进行交配。

采用这种方法配种，可以准确登记公羊、母羊的耳号及配种日期，从而能够预测分娩期，节省公羊精力，提高受配母羊头数，同时也有利于羊的选配工作。

羊的人工授精是指通过人为的方法，将公羊的精液输入母羊的生殖器内，使卵子受精以繁殖后代。它是近代畜牧科学技术的重大成就之一，是当前我国养羊业中常用的技术措施，与自然交配相比有以下优点。

第一，扩大优良公羊的利用率。在自然交配时，公羊射一次精只能配一只母羊。如果采用人工授精的方法，由于输精量少和精液可以稀释，公羊的一次射精量，一般可供几只或几十只母羊的受精之用。因此，应用人工授精方法，不但可以增加公羊配母羊的数量，而且可以充分发挥优良公羊的作用，迅速提高羊群质量。

第二，可以提高母羊的受胎率。采用人工授精的方法，由于将精液完全输送到母羊的子宫颈或子宫颈口，增加了精子与卵子结合的机会，同时也解决了母羊因阴道疾病或子宫颈位置不正所引起的不育；再者，由于精液品质经过检查，避免了精液品质不良所造成的空怀。因此，采用人工授精方法可以提高受胎率。

第三，采用人工授精方法，可以节省购买和饲养大量种公羊的费用。例如，有适龄母羊3000只，如果采用自然交配方法，至少需要购买种公羊80~100只；如果采用人工授精方法，在我国目前的条件下，只需购买10只左右就行了。这样就节省了大量购买种公羊及饲养管理的费用。

第四，可以减少疾病的传染。在自然交配过程中，由于羊体和

生殖器官的相互接触，某些传染性疾病和生殖器官疾病有可能传播开来。采用人工授精方法，公羊、母羊不直接接触，器械经过严格消毒，这样传染病的传播机会就可以大大减少了。

第五，由于现代科学技术的发展，公羊的精液可以长期保存和远距离运输。因此，人工授精方法对进一步发挥优秀公羊的作用、迅速改变低产养羊业的面貌具有重要作用。

二、配种时期的选择

羊配种时期的选择，主要根据在什么时期产羔最有利于羔羊的成活和母羊与羔羊的健壮来决定。

在年产羔一次的情况下，产羔时间可分为两种，即冬羔和春羔。一般 7～9 月份配种、12 月份至翌年 1～2 月份产羔的叫产冬羔；10～12 月份配种、第二年 3～5 月份产羔的叫产春羔。

国有羊场和农牧民饲养户产冬羔还是产春羔，不能强求一律，要根据所在地区的气候和生产技术条件来决定。

为了进一步分析羊最适宜的配种时间，应当把产冬羔和产春羔的优缺点进行比较。

产冬羔的主要优点是：母羊在怀孕期，由于营养条件比较好，羔羊初生重大，在断奶以后就可以吃上青草，因而生长发育快，第一年的越冬度春能力强；由于产羔季节气候比较寒冷，因而肠炎和羔羊痢疾病的发病率比春羔低，故羔羊成活率比较高；绵羊冬羔的剪毛量比春羔高。但是，在冬季产羔必须贮备足够的饲草饲料和准备保温良好的羊舍，劳力的配备也要比产春羔的多，如果不具备上述条件，产冬羔则会给养羊业生产带来损失。

产春羔时，气候已经开始转暖，因而对羊舍的要求不严格。同时，由于母羊在哺乳前期已能吃上青草，因此能分泌较多的奶汁哺乳羔羊。但产春羔的主要缺点是母羊在整个怀孕期处在饲草饲料不足的冬季，母羊营养不良，因此胎儿的个体发育不好，初生重比较小，体质弱，这样的羔羊虽经夏秋季节的放牧可以获得一些补偿，但是紧接着冬季到来，羔羊比较难于越冬度春；绵羊在第二年剪毛时，无论剪毛量还是体重，都不如冬羔高；另外，由于春羔断奶时已是秋季，故对断奶后母羊的抓膘有影响，特别是在草场不好的地区，对母羊的发情配种及当年的越冬度春都有不利的影响。

三、羊的人工授精组织和技术

1. 站址的选择及房舍设备　羊的人工授精站的站址，一般应选择在母羊分布密度大、水草条件好、有足够的放牧地、交通比较方便、无传染病、地势比较平坦、避风向阳而又排水良好的地方。

人工授精站需要有一定数量和一定规格的房屋和羊舍。房屋主要是采精室、精液处理室和输精室。羊舍主要是种公羊舍、试情公羊舍及试情圈等。在有条件的羊场、乡村或专业户，还应考虑修建工作人员住房及库房等建筑。

采精室、精液处理室和输精室要求光线充足，地面坚实（最好铺砖块），以便清洁和减少尘土飞扬；此外空气要新鲜，并且互相连接，以利于工作；室温要求保持在 18～25℃；面积要求为：采精室 12～20 平方米，精液处理室 8～12 平方米，输精室 20～30 平方米。

种公羊舍要求地面干燥，光线充足，有结实而简单的门栏，有补饲用的草架和饲槽。总之，一切建筑（也可以用塑料暖棚）既要有利于操作，又要因地制宜，力求做到科学、经济和实用。

2. 器械药品的准备 人工授精所需要的各种器械，如假阴道内胎、假阴道外壳、输精器、集精杯、金属开膣器等，以及常用的各种兽医药品和消毒药品，都要按授精站的规模和承担的任务，事前做好充足的准备（表4-1）。

表4-1 授配1000只母羊任务的羊人工授精站所需器械、药品和用具

序号	名称	规格	单位	数量
1	显微镜	300~600倍	架	1
2	蒸馏器	中型	套	1
3	天平	0.1~100克	台	1
4	假阴道外壳		个	6~10
5	假阴道内胎		条	15~20
6	假阴道塞子（带气嘴）		个	8~10
7	玻璃输精器	1毫升	支	20~30
8	输精量调节器		个	4~6
9	集精杯		个	15~20
10	金属开膣器	大、小两种	个	各2~3
11	温度计	100℃	支	4~6
12	寒暑表		个	3
13	载玻片		盒	1
14	盖玻片		盒	1~2
15	酒精灯		个	2
16	玻璃量杯	50毫升、100毫升	个	各2~3
17	玻璃量筒	500毫升、1000毫升	个	各2
18	蒸馏水瓶	5000毫升、10000毫升	个	各1~2
19	玻璃漏斗	8厘米、12厘米	个	各2~3
20	漏斗架		个	1~2
21	广口玻塞瓶	125毫升、500毫升	个	4~6
22	细口玻塞瓶	500毫升、1000毫升	个	各1~2
23	玻璃三角烧瓶	500毫升	个	3
24	洗瓶	500毫升	个	4

序号	名称	规格	单位	数量
25	烧杯	500 毫升	个	4
26	玻璃皿	10~12 厘米	套	4~6
27	带盖搪瓷杯	250 毫升、500 毫升	个	各 2~3
28	搪瓷盘	20 厘米×30 厘米	个	2
		40 厘米×50 厘米	个	2
29	钢精锅	27~29 厘米、带蒸笼	个	1
30	长柄镊子		把	2
31	剪刀	直头	把	2
32	吸管	1 毫升	支	10~15
33	广口保温瓶	手提式	个	4
34	玻璃棒	0.2 厘米、0.5 厘米	根	各 20~30
35	酒精	95%，500 毫升	瓶	8~10
36	氯化钠	95%，500 毫升	瓶	2~3
37	碳酸氢钠或碳酸钠		千克	2~3
38	白凡士林		千克	1
39	药勺	角质	个	3~4
40	试管刷	大、中、小	个	各 2~3
41	滤纸		盒	5
42	擦镜纸		张	200
43	煤酚皂	500 毫升	瓶	2~3
44	手刷		个	2~3
45	纱布		千克	1~2
46	药棉		千克	2
47	试情布	30 厘米×40 厘米	块	30~50
48	搪瓷脸盆		个	4
49	高压消毒锅	中型	个	1
50	煤油灯或汽灯		个	3
51	盛水桶		个	2~3
52	暖水瓶	3.6 升	个	3
53	火炉或电炉	带烟筒，2000 瓦	套，个	2，3
54	桌子		张	3

序号	名称	规格	单位	数量
55	凳子		张	4
56	塑料桌布		米	3~4
57	器械箱		个	2
58	手电筒	带电池	个	4
59	羊耳标、耳标钳、记号笔	塑料和不锈钢	套	1套、带耳标1200个
60	工作服		套	每人1套
61	肥皂、洗衣粉		条、包	各5~10
62	碘酒		毫升	500
63	煤		吨	2
64	配种记录本		本	每群1本
65	公羊精液检查记录本		本	3
66	采精架		个	1
67	输精架		个	2~3
68	临时打号用染料			若干
69	其他			

3. 公羊的准备　对参加配种的公羊，配种开始前1.0~1.5个月，应指定有关技术人员对其精液品质进行检查，目的有二：一是掌握公羊精液品质情况，如发现问题，可及早采取措施，以确保配种工作的顺利进行；二是排出公羊生殖器中长期积存下来的衰老、死亡和解体的精子，促进种公羊的性机能活动，产生新精子。因此，在配种开始以前，每只种公羊至少要排精液15~20次，开始每天可采排精液1次，后期每隔1天采排精液1次，对每次采得的精液都应进行品质检查。

如果公羊初次参加配种，在配种前1个月左右，应有计划地对公羊进行调教。调教办法是：让公羊在采精室与发情母羊交配几次；把发情母羊的阴道分泌物抹在公羊鼻尖上以刺激其性欲；注射丙酸睾酮，每次1毫克，隔1天1次；每天用温水把阴囊洗干净、擦干，

68

然后用手由下而上地轻轻按摩睾丸，早、晚各1次，每次10分钟；别的公羊采精时，让被调教的公羊在边旁"观摩"；加强饲养管理，增加运动里程和运动强度等。

试情公羊的准备：由于母羊发情症状不明显，发情持续期短，漏过一次就会耽误配种时间至少半个月。因此，在人工授精工作中，必须用试情公羊每天从大群待配母羊中找出发情母羊以便适时进行配种，所以试情公羊的作用不能低估。选作试情公羊的个体必须体质结实，健康无病，行动灵活，性欲旺盛，生产性能良好，年龄为2~5岁。试情公羊的数量一般为参加配种母羊数的2%~4%。

4. 母羊群的准备 凡确定参加人工授精的母羊，要单独组群，认真管理，防止公羊、母羊混群，以免偷配。在配种开始前5~7天，被挑选出的母羊应进入授精站范围内的待配母羊舍（圈）；在配种前和配种期，要加强饲养管理，使羊只吃饱喝足和休息好，做到满膘配种。

5. 试情 每天清晨（或早、晚各1次），将试情公羊赶入待配母羊群中进行试情，凡愿意与公羊接近，并接受公羊爬跨的母羊即可认为是发情羊，应及时将其捕捉并送至发情母羊圈中。有的处女羊发情症状表现不明显，虽然有时与公羊接近，但又拒绝接受爬跨，这种情况也应将羊捕捉，然后辅之以阴道检查来判定。

为了防止试情公羊偷配，试情时应在试情公羊腹下系上试情布，试情布要捆结实，以免阴茎脱出造成偷配。每次试情结束，要清洗试情布，以防布面变硬，擦伤阴茎。我国许多地区还推广了对试情公羊进行输精管结扎和阴茎移位的方法，既节约了大量用布，又杜绝了偷配，同时还减轻了工作负担，受到普遍欢迎。但阴茎移位的角度要合适，每年试情工作开始前对所有阴茎移位的公羊要进行1次移位角度的检查。输精管结扎的试情公羊，一般使用2~3年后要

更换。为了节省人力和时间，在澳大利亚，工作人员在公羊的试情布上安置一个特别的自动打印器，然后将系上这种试情布的试情公羊随母羊群放牧。在配种开始前，只需将羊群中臀部留有印记的母羊捕捉出来，并送至发情母羊圈中待配即可。

试情工作与配种成绩关系非常密切，在某种程度上甚至成为羊人工授精工作成败的关键。因此，在试情工作中要力求做到：认真负责，仔细观察，随时注意试情公羊的动向，及时捕捉发情母羊，随时驱散成堆的羊群，为试情公羊接触母羊创造条件；在试情过程中要始终保持安静，禁止无故惊扰羊群；为了抓尽发情母羊，每天试情时间，属于7~9月份配种的应不少于1.5小时，属于10~12月份配种的应不少于1.0小时。

6. 采精

1）消毒：凡是人工授精使用的器械，都必须经过严格的消毒。在消毒以前，应将器械洗净擦干，然后按器械的性质、种类分别包装。消毒时，除不易放入或不能放入高压消毒锅（或蒸笼）的金属器械、玻璃输精器及胶质的内胎以外，一般都应尽量采用蒸汽消毒，其他采用酒精或火焰消毒。蒸汽消毒时，器材应按使用的先后顺序放入消毒锅，以免使用时在锅内乱寻找，耽误时间。凡士林、生理盐水棉球用前均需消毒好。消毒好的器材、药液要防止污染并注意保温。

2）采精前假阴道的准备：

（1）假阴道的安装和消毒：首先检查所用的内胎有无损坏和沙眼，若完整无损，最好先放入开水中浸泡3~5分钟。新内胎或长期未用的内胎，必须用热肥皂水或洗衣粉刷洗干净、擦干，然后进行安装。

安装时先将内胎装入外壳，并使其光面朝内，而且要求两头等长，然后将内胎一端翻套在外壳上，依同法套好另一端，此时注意勿使内胎扭转，并使松紧适度，然后在两端分别套上橡皮圈进行固定。

消毒时用长柄镊子夹上65%酒精棉球消毒内胎，从内向外旋转，勿留空间，要求彻底，等酒精挥发后，用生理盐水棉球多次擦拭、冲洗。

集精杯（瓶）采用高压蒸汽消毒，也可用65%酒精棉球消毒，最后用生理盐水棉球多次擦拭，然后安装在假阴道的一端。

（2）灌注温水：左手握住假阴道的中部，右手用量杯或吸水球将温水从灌水孔灌入，水温50~55℃，以采精时假阴道温度达40~42℃为目的。水量约为外壳与内胎间容量的1/2~2/3，实践中可以竖立假阴道，水达灌水孔即可。最后装上带活塞的气嘴，并将活塞关好。

（3）涂抹滑剂：用消毒玻璃棒（或温度计）取少许凡士林，由外向内涂抹均匀一薄层，其涂抹深度以假阴道长度的1/2为宜。

（4）检温、吹气加压：从气嘴吹气，用消毒的温度计插入假阴道内检查温度，以采精时达40~42℃为宜。若过低或过高，可用热水或冷水调节。当温度适宜时吹气加压，使涂凡士林一端的内胎壁遇合，以口部呈三角形为宜。最后用纱布盖好入口，准备采精。

3）采精的方法和步骤：

（1）采精场地：首先要有固定的采精场所，以便使公羊建立交配的条件反射。如果在露天采精，则采精的场地应当避风、平坦，并且要防止尘土飞扬。采精时应保持环境安静。

（2）台羊的准备：对公羊来说，台羊（母羊）是重要的性刺激物，是用假阴道采精的必要条件。台羊应当选择健康、体格大小与公羊相似的发情母羊。用不发情的母羊作为台羊不能引起公羊性欲

时，可先用发情母羊训练数次即可。在采精时，须先将台羊固定在采精架上。

如用假母羊作为台羊，须先经过训练，即先用真母羊为台羊，采精数次，再改用假母羊为台羊。假母羊是用木料制成的木架（大小与公羊相似），架内填上适量的麦草或稻草，上面覆盖一张羊皮，把假母羊固定好。

（3）公羊的牵引：在牵引公羊到采精现场后，不要使它立即爬跨台羊，要控制几分钟，再让它爬跨，这样不仅能增强其性反射，也能提高所采取精液的质量。公羊阴茎包皮孔部分，如有长毛应事先剪短，如有污物应擦洗干净。

（4）采精技术：采精人员用右手握住假阴道后端，固定好集精杯（瓶），并将气嘴活塞朝下，蹲在台羊的右后侧，让假阴道靠近公羊的臀部，当公羊跨上母羊背上的同时，应迅速将公羊的阴茎导入假阴道内，切忌用手抓碰摩擦阴茎。若假阴道内的温度、压力、滑度适宜，当公羊后躯急速向前用力一冲，即已射精。此时，顺公羊动作向后移下假阴道，并迅速将假阴道竖起，集精杯一端向下，然后打开活塞上的气嘴，放出空气，取下集精杯，用盖子盖好送精液处理室待检。

4）采精后用具的清理：倒出假阴道内的温水，将假阴道、集精杯放在热水中用洗衣粉充分洗涤，然后用温水冲洗干净、擦干，待用。

7. 精液品质的检查　精液品质的检查，是保证受精效果的一项重要措施。检查的主要项目和方法如下。

1）射精量：精液采取后，将精液倒入有刻度的玻璃管中观察即可。有的单层集精杯本身带有刻度，若用这种集精杯采精，采精后即可直接观察，无需倒入其他有刻度的玻璃容器。

2）色泽：正常的精液为乳白色。如精液呈浅灰色或浅青色，是精子少的特征；深黄色表示精液内混有尿液；粉红色或淡红色表示有新的损伤而混有血液；红褐色表示在生殖道中有深的旧损伤；有脓液混入时精液呈淡绿色；精液囊发炎时，精液中可发现絮状物。

3）精液的气味：刚采得的正常精液略有腥味，当睾丸、附睾或附属生殖腺有慢性化脓性病变时，精液有腐臭味。

4）云雾状：用肉眼观察新采得的公羊精液，可以看到由于精子活动所引起的翻腾滚动极似云雾的状态。精子的密度越大、活力越强，则其云雾状越明显。因此，根据云雾状表现的明显与否，可以判断精子活力的强弱和精子密度的大小。

5）活力：用显微镜检查精子活力的方法是，用消过毒的干净玻璃棒取出原精液一滴，或用生理盐水稀释过的精液一滴，滴在擦洗干净的干燥的载玻片上，并盖上干净的盖玻片。盖时使盖玻片与载玻片之间充满精液，避免气泡产生，然后放在显微镜下放大300～600倍进行观察，观察时盖玻片、载玻片、显微镜载物台的温度不得低于30℃，室温不能低于18℃。

精子的活率等级，是根据直线前进运动的精子所占的比例来确定的。在显微镜下观察，可以看到精子有三种运动方式：一是前进运动，即精子的运动呈直线前进运动；二是回旋运动，即精子虽也运动，但绕小圈子回旋转动，圈子的直径很小，不到一个精子的长度；三是摆动式运动，即精子不改变其位置，而在原地不断摆动，并不前进。

除以上三种运动方式之外，往往还可以看到没有任何运动的精子，呈静止状态。除第一种精子具有受精能力外，其他几种运动方式的精子不久即会死亡，没有受精能力。故在评定精子活率等级时，应根据在显微镜下活泼前进运动的精子在视野中所占的比例来决定。

如有 70% 的精子做直线前进运动，则其活率评为 0.7，以此类推。一般公羊精子的活率应在 0.6 以上才能供输精用。

6）密度：精液中精子密度的大小是精液品质优劣的重要指标之一。用显微镜检查精子密度的大小，其制片方法（用原精液）与检查活率的制片方法相同。通常在检查精子活率时，还要同时检查精子密度。公羊精子的密度分为"密""中""稀"三级。

密：精液中精子数目很多，充满整个视野，精子与精子之间的空隙很小，不足 1 个精子的长度，由于精子非常稠密，因此很难看出单个精子的活动情形。

中：在视野中看到的精子也很多，但精子与精子之间有着明晰的空隙，彼此间的距离大约相当于 1~2 个精子的长度。

稀：在视野中只有少数精子，精子与精子之间的空隙很大，约超过 2 个精子的长度。

另外，在视野中如看不到精子，则以"0"表示。

公羊的精液含副性腺分泌物少，精子密度大。所以，一般用于输精的精液，其精子密度至少是"中级"。

8. 精液的稀释

1）精液稀释的目的：

（1）增加精液容量和扩大配种母羊的头数。在公羊每次射出的精液中，所含精子数目甚多，但真正参与受精作用的只有少数精子，因此，将原精液做适当的稀释，即可增加精液容量，进而可以为更多的发情母羊配种。

（2）延长精子的存活时间，提高受胎率。精液经过适当的稀释后，可以延长精子的存活时间，其主要原因是：减弱副性腺分泌物对精子的有害作用，这是因为副性腺分泌物中含有大量的氯化钠和钾，它们会引起精子膜的膨胀并中和精子表面的电荷；能补充精子代谢所需要的养分；缓冲精液中的酸碱度；抑制细菌繁殖，减弱细菌对精子的危害作用。由于精液稀释后延长了精子的存活时间，故有助于提高受胎率。

（3）保存和运输精液。精液通过适度的稀释，可延长精子的存活时间，故有利于精液的保存和运输。

2）几种常用的稀释液：为增加精液容量而进行稀释时，可用以下几种稀释液。

一是0.9%氯化钠溶液。蒸馏水100毫升，氯化钠0.9克，将氯化钠加入蒸馏水中，用玻璃棒搅拌，使其充分溶解，然后用滤纸过滤，再经过煮沸消毒或高压蒸汽消毒。消毒后因蒸发所减少的水分，可用蒸馏水补充，以保持溶液原来的浓度。

二是乳汁稀释液。先将乳汁（牛乳或羊乳）用4层纱布过滤在三角瓶或烧杯中，然后隔水煮沸消毒10~15分钟，取出冷却，除去乳皮即可应用。

上述稀释简便易行，但只能即时输精用，不能用来保存和运输精液，稀释倍数一般为1~3倍。

对于需要大倍稀释、保存一定时间和远距离运送的绵羊精液，根据王福臣等在大面积上进行7年的研究和实践，可采用以下两种稀释液。

1号液：枸橼酸钠1.4克，葡萄糖3.0克，新鲜卵黄20克，青霉素10万国际单位，蒸馏水100毫升。

2号液：枸橼酸钠2.3克，胺苯磺胺0.3克，蜂蜜10克，蒸馏水100毫升。

上述稀释液稀释精液的倍数，若原精液每毫升精子密度为10亿个，活率在0.8以上，则可进行10倍稀释；精子密度为20亿个，活率在0.9以上，可进行20倍稀释。然后用安瓿分装，用纱布包好，置

于 5~10℃的冷水保温瓶内贮存或运输。在运输过程中，要防止震荡和升温。

9. 输精 在羊人工授精的实际工作中，因为母羊发情持续时间短，而且很难准确地掌握发情开始时间，所以当天抓出的发情母羊就在当天配种 1~2 次（若每天配 1 次时就在上午配，配两次时就在上、下午各配 1 次)，如果第二天继续发情，则可再配。

将待配母羊牵到输精室内的输精架上固定好，并将其外阴部消毒干净。输精员右手持输精器，左手持开腔器，先将开腔器慢慢插入阴道，再将开腔器轻轻打开，寻找子宫颈。如果在打开开腔器后，发现母羊阴道内黏液过多或有排尿表现，应让母羊先排尿或设法使母羊阴道内的黏液排净，然后将开腔器再插入阴道，细心寻找子宫颈。子宫颈附近黏膜颜色较深，当阴道打开后，向颜色较深的方向寻找子宫颈口就可以顺利找到。找到子宫颈后，将输精器前端插入子宫颈口内 0.5~1.0 厘米深处，用拇指轻压活塞，注入原精液 0.05~0.1 毫升或稀释液 0.1~0.2 毫升。如果遇到初配母羊，阴道狭窄，开腔器插不进或打不开，无法寻见子宫颈时，只好进行阴道输精，但每次至少输入原精液 0.2~0.3 毫升。

在输精过程中，如果发现母羊阴道有炎症，而又要使用同一输精器精液进行连续输精时，在对有炎症的母羊输完精之后，要用96% 的酒精棉球擦拭输精器进行消毒，以防母羊相互传染疾病。但使用酒精棉球擦拭输精器时，要特别注意棉球上的酒精不宜太多，而且只能从后部向尖端方向擦拭，不能倒擦。酒精棉球擦拭后，用0.9% 的生理盐水棉球重新再擦拭一遍，才能对下一只母羊进行输精。

输精后用具的洗涤与整理：输精器用后立即用温碱水或洗涤剂冲洗，再用温水冲洗，以防精液黏固在管内，然后擦干保存。开膣器先用温碱水或洗涤剂冲洗，再用温水洗，擦干保存。其他用品，按性质分别洗涤和整理，然后放在柜内或放在桌上的搪瓷盘中，用布盖好，避免尘土污染。

第三节 冷冻精液技术在养羊业中的运用 〉〉〉

一、羊精液冷冻和保存技术

1. 器械消毒　采精前一天清洗各种器械（先以肥皂粉水清洗，再以清水冲洗 3~5 次，最后用蒸馏水冲洗 1 次，晾干）。玻璃器械采用干燥箱高温消毒，其余器械用高压锅或紫外线灯进行消毒。

2. 待冷冻用的鲜精品质　各项指标正常或良好，其中密度应在 20 亿/毫升以上，活率在 0.7 以上，精子抗冻性好（冷冻解冻后活率在 0.3 以上）。

3. 稀释液介绍　在我国养羊业中，经过在较大羊群中试验，有几种稀释液效果良好，配方如下。

一是中国农业科学院研制的葡 3-3 高渗稀释液。

Ⅰ 液：葡萄糖 3 克，枸橼酸钠 3 克，加重蒸馏水至 100 毫升。取溶液 80 毫升，加卵黄 20 毫升。

Ⅱ 液：取 Ⅰ 液 44 毫升，加甘油 6 毫升。

二是新疆农垦绵羊冻精技术科研协作组研制的 9-2 脱脂牛奶复

合糖稀释液（颗粒精液配方）。

Ⅰ液：10 克乳糖加重蒸馏水 80 毫升，鲜脱脂牛奶 20 毫升，卵黄 20 毫升。

Ⅱ液：取Ⅰ液 45 毫升加葡萄糖 3 克，甘油 5 毫升。

三是甘肃农业大学赵有璋教授主持的"提高绵羊、山羊冷冻精液品质研究"项目组研制的冻精稀释液最优配方。

肉用绵羊：三基 3.0285 克，柠檬酸 1.6593 克，蔗糖 2.15673 克，果糖 0.75 克，维生素 E 溶液 6 毫升，卵黄 15%（V/V），甘油 4.0%（V/V），青霉素和链霉素各为 10 万国际单位。

波尔山羊：三基 4.361 克，葡萄糖 0.654 克，蔗糖 1.6 克，柠檬酸 1.972 克，谷氨酸 0.04 克，卵黄 18 毫升，甘油 6 毫升，青霉素、链霉素各 10 万国际单位，双蒸水 100 毫升。

4. 稀释倍数　绵羊、山羊精液的稀释程度关系到精液冷冻的成败，精液稀释的重要目的是保护精子在降温、冷冻和解冻过程中免受低温损害。但是，为了增加一次采得精液的输精次数或调整输精剂量中的精子数，稀释比例也常有变化。根据大量的研究与实践，绵羊、山羊精液在冷冻之前的稀释比例一般为 1 :（1~3）。

5. 稀释程序

两步稀释法：先用不含甘油的稀释液初步稀释后，冷却到 0~5℃，再用已经冷却到同温度的含甘油稀释液做第二次稀释。

一步稀释法：把含有甘油的稀释液在 30℃ 时对精液进行一次稀释。

6. 冻前的降温和平衡　首先，稀释后的精液冷却到平衡温度的速度不能过快，特别是降到 22℃ 以下后，精子受温度打击的影响比在 22℃ 以上时更为敏感。一般来说需用 2 小时左右的时间使精液逐渐冷却。所谓精液的"平衡"，是指精液冷冻前在稀释液中停放一段时间，使稀释液中的物质与精细胞之间相互作用，以达到精细胞内部和外部环境之间物质的平衡。而平衡时间是指用稀释液稀释原精液到稀释精液冷冻所间隔的时间。绵羊冷冻精液的研究中，精液的平衡时间，由最早的 8 小时、12 小时甚至 12 小时以上缩短到 3 小时、2 小时或 1 小时。目前，多数在 3 小时左右。若采用两步稀释法，临冻前加入含甘油的Ⅱ液，甘油实际上不参加平衡。毛风显指出，波尔山羊精液平衡采用温水水浴降温优于纱布包裹，而且以 4 小时降温效果最好。

7. 精液的冷冻类型　绵羊、山羊精液分为颗粒、安瓿和细管三种冷冻类型。欧洲各国多将稀释后的精液分装于塑料细管或玻璃安瓿中冷冻，并有向细管方向发展的趋势。澳大利亚和俄罗斯则多冷冻成颗粒状，但澳大利亚主要采用腹腔镜子宫角输精方法。我国以颗粒状为主，安瓿和细管冻精也有部分生产。颗粒法最为简便，所需器材设备少，但缺点是不能单独标记，容易混杂，并且解决时需一粒粒地进行，速度很慢，费时费事。从理论上讲，在冷冻和解冻过程中，细管受温较匀，冷冻效果应该较好。

8. 颗粒精液冷冻技术　冷冻颗粒时多采用干冰滴冻法，即将精液直接滴在干冰面上的小凹内冷冻。或用液氮熏蒸铝板或氟塑料板，然后把精液滴在板面上冷冻。颗粒的大小一般在 0.1 毫升左右，颗粒过大时里层和外层精液的受温过于不匀而导致效果较差，颗粒过小在解冻时又太费事也很不方便。根据徐大康（1990）的研究，在生产实践中运用并取得较好效果的方法如下。

1）氟板法：初冻温度为 -100 ~ -90℃，将液氮盛入铝盒做的冷冻器中，然后把氟板浸入液氮中预冷数分钟后（以氟板不沸腾为准），将氟板取出平放在冷冻器上，氟板与液氮面的距离为 1 厘米，再加盖 3 分钟，然后取开盖。按每颗粒 0.1 毫升的剂量滴冻，滴完

后再加盖4分钟，然后将氟板连同冻精一起浸入液氮中，并分装保存于液氮中。

2）铜纱网法：将液氮盛入约6千克广口瓶，距瓶口约7厘米，然后将铜纱网浸入液氮中3分钟，并在铜纱网底下放置距液氮面1厘米的漂浮器而使铜纱网漂在液氮面上，进行滴冻，滴完后加盖4分钟，将铜纱网浸入液氮中，然后解冻、镜检，合乎要求者分装保存。

9. 冷冻精液的分装入库和保存管理

1）质量检测：每批制作的冷冻颗粒精液，都必须抽样检测，一般要求每颗粒容量为0.1毫升，精子活率应在0.3以上，每颗粒有效精子不少于1000万个（可定期抽检），凡不符合上述要求的精液不得入库贮存。

2）分装：颗粒冻精一般按30~50粒分装于1个纱布袋或1个小玻璃瓶中。

3）标记：每袋颗粒精液须标明公羊品种、公羊号、生产日期、精子活率及颗粒数量，再按照公羊号将颗粒精液袋装入液氮罐提筒内，浸入并固定在液氮罐内贮存。

4）分发、取用：取用冷冻精液应在广口液氮罐或其他容器内的液氮中进行。冷冻精液每次脱离液氮的时间不得超过5秒。

5）贮存：贮存冻精的液氮罐应放置在干燥、凉爽、通风和安全的库房内。由专人负责，每隔5~7天检查1次罐内的液氮容量，当剩余的液氮容量为罐体的2/3时，须及时补充。要经常检查液氮罐的状况，如果发现外壳有小水珠、挂霜或者发现液氮消耗过快，则说明液氮罐的保温性能差，应及时更换。

6）记载：每次入库或分发，或耗损、报废的冷冻精液数量及补充液氮的数量等，都必须如实记载清楚，并做到每月结算1次。

二、冷冻精液的重要意义和作用

第一，提高优良种公羊的利用率。制作冷冻精液可使一只优秀种公羊年产 8000 头份以上的可供授精用的颗粒冻精，或可生产 0.25 型细管冻精 10000 枚以上。

第二，不受地域限制，可充分发挥优秀种公羊的作用。由于优秀种公羊的精液在超低温下保存，可将其运到任何一个地区为母羊输精，这样就不需要再从异地引进活的公羊。

第三，不受种公羊生命的限制，在优秀公羊死亡后，仍可用它生前保存下来的精液输精，产生后代。这样就可以把优良、育种价值高的羊种遗传资源长期保存下来，随时可以取用，这对绵羊、山羊的遗传育种和保种工作具有重大的科学价值。如澳大利亚 Salamon 于 1972 年用保存 11 年的绵羊冻精进行子宫颈输精，产羔率为 55%（n＝159）；新疆畜牧科学院田可川等（1999）用已经冷冻保存 20 年的澳洲美利奴公羊冻精，借助腹腔镜进行子宫角输精方法，受胎率达 40.58%（28/69）。

第四，可以同时配许多母羊，便于早期对后备公羊进行后裔鉴定。

第五，可节省大批因引进、饲养、管理种公羊所花销的费用，降低成本，提高经济效益。

但是，羊的冷冻精液，特别是绵羊的冷冻精液，还有许多相关的理论、技术和方法等至今没有取得进展。因此，与使用鲜精相比，冷冻精液的受胎率还有一定的差距。

三、解冻方法

颗粒冻精的解冻方法，一般分为干解冻法和湿解冻法。如邵桂芝等（1996）对绒山羊的冷冻精液采用干解冻法，即将一粒精液放入灭菌小试管中，置于60℃水浴中快速融化至1/3颗粒大时，迅速取出在手中轻轻揉搓至全部融化。徐大康等（1990）对绵羊冻精采用湿解冻法，即在电热杯65～70℃高温水浴中解冻，用1毫升2.9%枸橼酸钠解冻液冲洗已消毒过的试管，倒掉部分解冻液，管内留0.05～0.1毫升解冻液进行湿解冻。每次分别解冻两粒，轻轻摇动解冻试管，直至冻精融化到绿豆粒大时，迅速取出置于手中揉搓，借助于手温至全部融化，解冻后的精液立即进行镜检。凡直线运动的精子达0.35以上者，均可用于输精。

甘肃农业大学"提高绵羊、山羊冷冻精液品质研究"项目组对绵羊、山羊冻精均用37℃维生素 B_{12} 解冻，效果都比较理想。

四、输精技术和方法

1. 输精时间和输精次数　根据研究，母绵羊应在发情中期或后半期输精。对于只输精一次的母绵羊，输精应在发情后15～17小时进行。但在生产实践中，母羊开始发情的时间不好确定，因此可用试情公羊将发情母羊找出来，当发情母羊被试情出来后，随即对其进行输精，相隔10～12小时再输精1次，直至发情终止。山羊最好在发情开始后约8小时输精，如第二天仍在发情，应再输精1次。用冷冻精液解冻后输精，一般应一天输2次。

2. 输精方法　输精时精液沉积的位置对受胎率有明显的影响。

Graham 等采用法国输精器，将精液输入子宫颈中部时，其受胎率和产羔率分别为 59.6% 和 89.4%；当精液输入宫颈外口时，受胎率和产羔率分别为 31.3% 和 43.1%。Platov（1983）指出，精子在雌性生殖道里的生活力、受精力取决于其到达受精部位的能力。如果将精子渗入能力记分为 0（无能力）~1（最高能力），则新鲜精液、低温保存精子和冷冻保存精子分别为 0.8~1.0 分、0.5~0.8 分、0.4分。据 Loginova 等（1968）的研究，绵羊精子在输卵管内的存活时间，鲜精为 9~10 小时，冻精为 5.5 小时。因此，为了提高羊冷冻精液的受胎率和产羔率，在输精时应注重输精部位和输精次数。

子宫颈输精法：母羊子宫颈通道狭窄（长 4~10 厘米，外径 2~3 厘米），管腔弯曲，宫颈壁轮状环特别发达，对多数母羊来说很难做到深部输精。在苏联，用得较多的子宫颈深部输精器是螺旋式输精器，输入深度达 2.5 厘米以上。受精率与宫颈结构（通过的难易）、发情阶段、胎次、母羊年龄及输精人员技术熟练程度有关，产羔率随输入深度的增加而提高。应当指出，不是所有的母绵羊都能进行子宫颈深部输精。

根据有关报道，用螺旋头输精器，随着输入子宫颈深度的增加，受胎率不断提高。Милованов 等（1978）总结有关资料后，提出了受胎率与输精深度关系的公式：

$$\frac{\text{冻配受}}{\text{胎率}} = 30\% + \frac{\text{输精部位距子宫颈}}{\text{外口之深度（厘米）}} \times 12.5\%$$

甘肃农业大学赵有璋主持的"提高绵羊、山羊颗粒冻精品质的研究"项目组经过 5 年（1997—2002 年）的攻关研究，比较理想地解决了这一问题。项目组以冷冻解冻后的精子活率、生存指数、顶体完整率、GOT（谷草转氨酶）释放量、LDH（乳酸脱氢酶）释放量和 ALP（碱性磷酸酶）释放量等重要客观指标为依据，研制出新

的高水平的绵羊精液冷冻稀释液配方 9 个、波尔山羊精液冷冻稀释液配方 1 个；以冷冻解冻精子活力、生存指数、顶体完整率和精液中 GOT 释放量等为评价指标，建立了生产高品质冻精的优化程序：原精液（密度在 20 亿个/毫升以上，活率在 0.7 以上，畸形率在 15.0%以下）与稀释液按 1∶3 稀释→二次稀释法，即 38℃下用Ⅰ液（不含甘油）稀释原精液，4℃下再加入Ⅱ液（含甘油）→水浴平衡法，即 200 毫升体积水浴 2.5 小时→100～120℃下滴冻→38℃水浴中每 2 粒冻精加 50 毫升维生素 B_{12} 解冻。

同时，项目组还研究要获得理想的子宫颈型冻精配种效果，必须具备以下条件（优化模式）：优良的冻精品质（活率 0.4 以上，每粒有效精子 5000 万个以上）→良好的授配母羊群（膘情中上等、处在发情期的经产母羊）→熟悉冻配操作技术、工作认真负责的技术员→相应配套的输精器材（前端略弯的羊用玻璃输精器、带光源的开腔器）→符合人工授精要求的配种工作室（室温在 15～25℃）→适时输精，实施子宫颈内 1.5 厘米以上深度输精，对被配母羊群给予良好的饲养管理条件，制定科学、有效、实用的羊冻精配种工作操作规程。用上述技术生产的颗粒冻精，冷冻保存 409 天后，其解冻后活率在 0.5 以上。2002 年用项目组生产的冻精给当地土种母绵羊 300 只授配，情期受胎率为 65.67%，情期受胎产羔母羊率为 82.23%，经甘肃省科技厅组织专家鉴定，总体研究成果达到了国内领先水平。

子宫内输精法：Ande-en（1973）试验通过子宫颈将精液输入子宫内并获得成功，成功率为 61.8%（136/220）。张坚中等（1991）借用腹腔镜进行绵羊冷冻精液子宫角输精，情期产羔母羊百分率为 61.6%（45/75）。新疆畜牧科学院田可川等（1999）用已经冷冻保存 20 年的澳洲美利奴公羊冻精，借助腹腔镜进行子宫角输精，冻精解冻后活力虽然只有 0.1～0.2，但受胎率仍达到 40.58%

（28/69）。

现在几种可提高冻精受精率的技术中，以腹腔镜操作实行子宫内输精的产羔率比较高。用腹腔镜在子宫内输精不仅能稳定获得比较高的产羔率，而且可以大大减少输入活精子的数量，但要在生产实践中大规模应用还有相当的距离。

第四节 产羔 〉〉〉

产羔是养羊业生产中的主要收获季节之一，因此要特别重视，认真组织和安排好劳动力，确保丰产丰收。

一、产羔前的准备工作

1. 接羔棚舍及用具的准备 我国地域辽阔，各地自然生态条件和经济发展水平差异很大，接羔棚舍（在较寒冷地区可用塑料暖棚）及用具的准备，应当因地制宜，不能强求一致。

如青海省规定：300 只产羔母羊至少应有接羔室 90 平方米，有条件的单位面积还可更大一些，暂时没有条件修建接羔室者，应在羊舍内临时修建接羔棚；每个产羔母羊群至少要有 10 个分娩栏，50~80 个护腹带，2~4 个接羔袋。

新疆要求冬产母羊每只应有产羔舍面积 2 平方米左右，分娩栏数量为产羔母羊数的 10%~15%。

产羔工作开始前 3~5 天，必须对接羔棚舍、运动场、饲草架、饲槽、分娩栏等进行修理和清扫，并用 3%~5% 的碱水或 10%~20% 的石灰乳溶液或其他消毒药品进行比较彻底的消毒。

消毒后的接羔棚舍，应当做到地面干燥，空气新鲜，光线充足，挡风御寒。

接羔棚舍内可分成大、小两处，大的一处放母子群，小的一处放初产母子。

运动场内亦应分成两处，一处圈母子群，羔羊小时白天可留在这里，羔羊稍大时，供母子夜间停宿；另一处圈待产母羊群。

2. 饲草、饲料的准备　在牧区，在接羔棚舍附近，从牧草返青时开始，将避风、向阳、靠近水源的地方用土墙、草坯或铁丝网围起来，作为产羔用草地，其面积大小可根据产草量、牧草的植物学组成以及羊群的大小、羊群品质等因素决定，但至少应当够产羔母羊 45 天的放牧用。

有条件的羊场及农牧民饲养户，应当为冬季产羔的母羊准备充足的青干草、质地优良的农作物秸秆、多汁饲料和适当的精料等；对春季产羔的母羊，也应准备至少可以舍饲 15 天所需要的饲草和饲料。

3. 接羔人员的准备　接羔是一项繁重而细致的工作。因此，每群产羔母羊除主管牧工以外，还必须配备一定数量的辅助劳动力，才能确保接羔工作的顺利进行。

每群产羔母羊配备辅助劳动力的多少，应根据羊群属于什么品种、羊群的质量、畜群的大小、营养状况、是经产母羊还是初产母羊，以及各接羔点当时的具体情况而定。

产羔母羊群的主管牧工及辅助接羔人员，必须分工明确，责任落实到位。在接羔期间，务必坚守岗位，认真负责地完成自己的工作任务，杜绝一切责任事故发生。对所有参加接羔的工作人员，在接羔前应组织学习有关接羔的知识和技术。

4. 兽医人员及药品的准备　在产羔母羊比较集中的乡、村或场队，应当设置兽医站（点），购足在产羔期间母羊和羔羊常见病的必需防治药品和器材。除平时值班兽医一人外，还应临时增加一人，以便巡回检查，做到及时防治。此外，对一些常见病、多发病，可将预防药物按剂量包好，交给经过培训的放牧员，按规定及时投服。

二、接羔

1. 临产母羊的特征　母羊临产前，表现为乳房肿大，乳头直立；阴门肿胀潮红，有时流出浓稠黏液；肷窝下陷，临产前 2~3 小时最明显；行动困难，排尿次数增多；起卧不安，不时回顾腹部，或喜卧墙角，卧地时两后肢向后伸直。

2. 产羔过程及接羔技术　母羊正常分娩时，在羊膜破后几分钟至 30 分钟左右，羔羊即可产出。正常胎位的羔羊，出生时一般是两前肢及头部先出，并用头部紧靠在两前肢的上面。若是产双羔，先后间隔 5~30 分钟，但也偶有长达数小时的。因此，当母羊产出第一个羔羊后，必须检查是否还有第二个羔羊，方法是以手掌在母羊腹部前侧适力颠举，如系双胎，可感触到光滑的羔体。

在母羊产羔的过程中，非必要时一般不应干扰，最好让其自行娩出。但有的初产母羊因骨盆和阴道较为狭小，或双胎母羊在分娩第二头羔羊时已感疲乏，这时需要助产。其方法是：人在母羊体躯后侧，用膝盖轻压其肷部，等羔羊嘴端露出后，用一手向前推动母羊阴部，羔羊头部露出后，再用一手托住羔羊头部，一手握住羔羊前肢，随母羊的努责向后下方拉出胎儿。若属胎势异常或其他原因

难产，则应及时请有经验的畜牧兽医技术人员协助解决。

羔羊产出后，首先把其口腔、鼻腔里的黏液掏出、擦净，以免羔羊因呼吸困难、吞咽羊水而引起窒息或异物性肺炎。羔羊身上的黏液，最好让母羊舔净，这对母羊认羔有好处。如果母羊恋羔性弱，则可将胎儿身上的黏液涂在母羊嘴上，引诱它舔净羔羊身上的黏液。如果母羊不舔或天气寒冷，则可用柔软干草迅速把羔羊擦干，以免羔羊受凉。碰到分娩时间较长、羔羊出现假死情况时，欲使羔羊复苏，一般采用两种方法：一是提起羔羊两后肢，使羔羊悬空，同时拍其背部和胸部；二是使羔羊卧平，用两手有节律地推压羔羊胸部两侧。暂时性假死的羔羊，经过这种处理后，即能复苏。

羔羊出生后，一般情况下都由自己扯断脐带。在人工助产下娩出的羔羊，可由助产者剪断脐带，剪断前可用手把脐带中的血向羔羊脐部捋几下，然后在离羔羊肚皮3~4厘米处剪断并用碘酒消毒。

三、产羔母羊及羔羊的护理

护理羔羊的原则，根据青海省广大牧区的经验，应当做到三防、四勤，即防冻、防饿、防潮和勤检查、勤配奶、勤治疗、勤消毒。接羔室和分娩栏内要经常保持干燥，潮湿时要勤换干羊粪或干土。接羔室内温度不宜过高。青海省广大牧区及羊场，接羔室内的温度要求在-5~5℃。具体要求如下。

一是母子健壮，母羊恋羔性强时，产后一般让母羊将羔羊身上的黏液舔干，羔羊自己吃上初奶或受帮助吃上初奶以后，放在分娩栏内或室内均可。在高寒地区，天冷时还应给羔羊系上用毡片、破皮衣制作的护腹带。若羔羊产在牧地上，则等其吃完初奶后用接羔袋背回。

二是母羊营养差、缺奶、不认羔，羔羊发育不良时，出生后必须精心护理。注意保温、配奶，防止踏伤、压死。羔羊出生后先擦干其身上的黏液，配上初奶。如天冷，则装在接羔袋中，连同母羊放在分娩栏内，羔羊健壮时从袋内取出。要勤配奶，每天配奶次数要多，每次吃奶要少，直到母子相认，羔羊能自己吃上奶时再放入母子群。对于缺奶和双胎羔羊的情况，要另找保姆羊。

三是对于病羔，要做到勤检查，早发现，及时治疗，特殊护理。对不同疾病采取不同的护理方法，打针、投药要按时进行。一般体弱、拉稀的羔羊，要做好保温工作；患肺炎的羔羊，住处不宜太热；积奶的羔羊，不宜多吃奶。

产羔母羊在产羔期间，青海省广大牧区的经验是分成三小群管理，即待产母羊群、3 天以上母子群、3 天以内母子群。待产母羊群夜宿羊圈。3 天以上母子群，气候正常时，可赶到产羔草地放牧、饮水或放在室外母子圈；羔羊小时，可将羔羊放入室内。3 天以内羔羊，应将母子均留在接羔室，如母子均健壮，则可提前放入 3 天以上母子群；如羔羊体弱，则可延长留圈时间，对留圈母羊必须补饲草料和饮水。

对体弱羔羊、不认羔的母羊及其所产的羔羊，都应放在分娩栏内。白天天气好时，可将室内分娩母子移到室外分娩栏，晚间再移到室内，直到羔羊健壮时再归入母子群。

细毛羊和肉用羊的纯、杂种羔羊，吃饱奶后喜好睡觉，如天气热，卧地太久，胃内奶急剧发酵会引起腹胀，随即拉稀。所以在草地或圈内，不能让羔羊多睡觉，应常赶起走动。天气变化时，应立即赶回接羔室，防止受冻而引起感冒、肺炎、拉稀等疾病。

为了母子群管理上的方便，避免引起不必要的混乱，应对母子群进行临时编号，即在母子同一体侧（单羔在左、双羔在右）编上相同的临时号。

四、断尾和去势

断尾和去势的时间，最好在产后 2~3 周龄时进行。断尾时应选择在晴天的早晨进行，一般常用断尾铲进行断尾。断尾处大约离尾根 4 厘米，约在第三至第四尾椎之间，但母羔以盖住外阴部为宜。断尾铲烧至黑热程度，断尾时速度不宜太快，应边烙边切，以免流血。断尾后可用浓度为 2%~3% 的碘酒涂抹伤口进行消毒。

凡不适宜做种用的公羔应进行去势。去势时应选择在晴天的上午进行，由一人固定住羔羊的四肢，并使羔羊的腹部向外，另一人将阴囊上的毛剪掉，再在阴囊下 1/3 处涂上碘酒消毒，然后用消毒过的手术刀将阴囊下部切除一段，将睾丸挤出，慢慢拉断血管和精索，伤口处涂上消毒药物即可。

断尾、去势 1~3 天后应进行检查，如发现有化脓、流血等情况要及时处理，以防进一步感染造成羊只损失。

第五节 繁殖新技术的应用 〉〉〉

一、同期发情

所谓同期发情或称同步发情，就是利用某些激素制剂，人为地控制并调整一群母畜的发情周期，使它们在特定的时间内集中表现发情，以便组织配种，扩大对优秀种公羊的利用。同时，它也是胚胎移植中重要的一环，使供体和受体发情同期化，有利于胚胎移植的成功。

目前，使用的方法主要有以下两种。

1. 孕激素–PMSG 法　用孕激素制剂处理（阴道栓或埋植）母羊 10~14 天，停药时再注射孕马血清促性腺激素（PMSG），一般经 30 小时左右即开始发情，然后放进公羊或进行人工授精。阴道海绵栓比埋植法实用，即将海绵浸以适量药液，塞入羊只阴道深处，一般在 14~16 天后取出，当天肌注 PMSG400 约 750 国际单位，2~3 天后被处理的母羊大多数发情。孕激素种类及用量为：甲孕酮（MAP）50~70 毫克，氟孕酮（FGA）0~40 毫克，孕酮 150~300 毫克，18–甲基炔诺酮 30~40 毫克。

2. 前列腺素法　在母羊发情后数日向子宫内灌注或肌注前列腺素（$PGF_{2\alpha}$）、氯前列烯醇或 15–甲基前列腺素，可以使发情高度同期化。但注射一次，只能使 60%~70% 的母羊发情同期化，相隔 8~9 天再注射 1 次，可提高同期发情率。用本法处理的母羊，受胎率不如孕激素–PMSG 法，且药物较贵，不便于广泛采用。

二、早期妊娠诊断

早期妊娠诊断，对于保胎、减少空怀和提高繁殖率都具有重要的意义。早期妊娠诊断方法的研究和应用，历史悠久，方法也多，但要达到相当高的准确性，并且在生产实践中应用方便，这是直到现在都在探索研究和有待解决的问题。

1. 超声波探测法　用超声波的反射，对羊进行妊娠检查。使用多普勒效应设计的仪器，探听血液在脐带、胎儿血管和心脏等中的流动情况，能成功地测出妊娠 26 天的母羊。到妊娠 6 周时，其诊断的准确性可提高到 98%～99%，若在直肠内用超声波进行探测，当探杆触到子宫中动脉时，可测出母体心率（90～110 次/分）和胎盘血流声，从而准确地肯定妊娠。

2. 激素测定法　羊怀孕后，血液中孕酮含量较未孕母羊显著增加，利用这个特点对母羊可做早期妊娠诊断。如在羊配种后 20～25 天，用放射免疫法测定：绵羊每毫升血浆中，孕酮含量大于 1.5 纳克，妊娠准确率为 93%；奶山羊每毫升血浆中，孕酮含量在 3 毫克以上，妊娠准确率为 98.6%；每毫升乳汁中，孕酮含量在 8.3 纳克以上，妊娠准确率为 90%。

3. 免疫学诊断法　羊怀孕后，胚胎、胎盘及母体组织分别能产生一些化学物质，如某些激素或某些酶类等，其含量在妊娠的一定时期显著增高，其中某些物质具有很强的抗原性，能刺激动物机体产生免疫反应。而抗原与抗体的结合，可在两个不同水平上被测定出来：一是荧光染料或同位素标记，然后在显微镜下定位；二是抗原与抗体结合，产生凝集反应、沉淀反应，利用这些反应的有无来判断家畜是否妊娠。早期怀孕的绵羊含有特异性抗原，这种抗原在受精后第二天就能从一些孕羊的血液里检查出来，从第八天起可以从所有试验母羊的胚胎、子宫及黄体中鉴定出来。这种抗原是和红细胞结合在一起的，用它制备的抗怀孕血清，与怀孕 10～15 天期间母羊的红细胞混合会出现红细胞凝集作用，如果没有怀孕，则不发生凝集现象。

三、超数排卵和胚胎移植

超数排卵就是利用促进卵泡生长、成熟的激素或 PMSG 处理来改变母羊在一个发情期只排 1～2 卵的状况，促使它在一个发情期排出更多的卵。胚胎移植就是将一头母畜（亦称供体）的受精卵或早期胚胎取出，移植到另一头母畜（亦称受体）的输卵管或子宫内，借腹怀胎，以产出供体后代的一项新技术。超数排卵和胚胎移植结合起来，就能使一只优良的母羊在一个繁殖季节里，产生比自然繁殖增加许多倍的后代。因此，这种技术能够充分发挥优良母羊的繁殖潜力，对迅速扩大良种畜群，加快养羊业的良种化进程，有着积极的作用。

甘肃省甘南藏族自治州畜牧站与夏河县桑科种羊场合作，在1977年使用垂体促卵泡素（FSH）和垂体促黄体素（LH）对新疆羊进行超数排卵试验，从试验羊发情的第十二天（发情当天为第一天）起，分别给予不同方法和剂量的处理，取得了显著效果（表4-2）。1977年在进行受精卵移植试验中，受体为藏羊和新藏杂种母羊，6～8岁的占80%，共移植304例。除移植入异常卵15只，手术发现异常14只，死亡8只外，实际统计的有效数例为267只。经两个性周期以上的观察，受胎率为60%，产羔133只（内有双羔3对），产羔率为49.8%。移植效果最好的一只新疆母羊，取得受精卵19个，移植受体19只，受胎14只，早产1只，正产10只。

表4-2 不同处理方法的超数排卵效果

组别	缴素剂量 FSH/LH	外理只数	有效只数	排卵点 平均	范围	回收卵 平均	范围	受精卵 平均	范围
1	400/200	10	10	13.8	1～42	12.4	1～33	6.3	0～20
2	500/200	6	5	11.8	5～15	10.4	5～14	3.8	0～8
3	200/200	11	9	11.2	6～19	5.0	0～11	0.8	0～6
4	350/150	11	4	12.0	3～28	8.5	1～19	7.5	0～19
5	200/200	10	9	11.0	2～20	5.9	0～16	3.8	0～15

近年来，我国许多地区和单位，应用胚胎移植等技术，加快引入我国的优秀绵羊、山羊品种的繁殖，取得了显著的效果。如西北农林科技大学高志敏等，在1999年10～11月份，分3批使用阴道

栓+FSH 超数排卵供体波尔山羊 13 只。在放入阴道栓的第八至第十天，连续 3 天递减量肌肉注射 FSH（促卵泡素）320 毫克。9 只供体羊发情、配种、采胚（有效率为 69.23%，9/13），平均采胚数为18.11 枚±5.18 枚，其中可用胚平均数为 15.44 枚±6.31 枚（可用胚率为 85.28%，139/163）。将 139 枚 7 日龄可用胚移植到受体关中奶山羊 89 只，妊娠 50 只，妊娠率为 56.18%。其中鲜胚移植妊娠率为61.11%（44/72），冻胚移植妊娠率为 41.67%（5/12），二分割胚移植妊娠率为 20%（1/5）。50 只妊娠受体羊共产羔 68 只，每只供体羊平均获羔羊 7.56 只。供体羊采胚后，平均 39.9 天发情、配种、全部妊娠产羔，平均产羔 2 只。胚胎移植羔羊的性别、初生重、发病率与波尔山羊自繁羔羊无显著差异（$P > 0.05$）。这次用波尔山羊进行胚胎移植产生了明显的经济效益，而且技术成熟，可推广应用，逐步产业化。

甘肃省永昌肉用种羊场在 2003 年初，用 35 只波德代羊、无角道赛特羊作为供体进行胚胎移植，共获胚胎 217 枚，其中有效胚胎167 枚。用当地土种母羊（蒙古品种羊）113 只作为受体，结果有80 只受体产羔 100 只，成活 94 只，情期受胎率为 70.8%。这些试验为在我国广大养羊地区利用胚胎移植技术加快绵羊种羊生产、促进产业化发展提供了经验并奠定了良好基础。

四、诱发分娩

诱发分娩是指在妊娠末期的一定时间内，注射某种激素制剂，诱发孕畜在比较确定的时间内提前分娩，它是控制分娩过程和时间的一项繁殖管理措施。使用的激素有皮质激素及其合成制剂、前列腺素 $F_{2\alpha}$ 及其类似物、雌激素、催产素等。绵羊在妊娠 144 天时，注射地塞米松（或贝塔米松）12~16 毫克，多数母羊在 40~60 小时内产羔；山羊在妊娠 144 天时，肌注 $PGF_{2\alpha}$ 20 毫克或地塞米松 16 毫克，多数在 32~120 小时产羔；不注射上述药物的孕羊，197 小时后才产羔。

第六节 提高繁殖力的指导方案 〉〉〉

一、运用繁殖新技术

科学试验和养羊业生产实践不断证明，运用繁殖新技术，如羊人工授精技术（包括冷冻精液技术）、同期发情技术、超数排卵和胚胎移植技术等，是有效提高绵羊、山羊繁殖力的重要措施之一。

根据国内外的研究，孕马血清可以促进母羊滤泡的发育、成熟和排卵，注射孕马血清以后，母羊的发情率和产羔率明显提高。如用新西兰罗姆尼羊做试验，未经处理的母羊平均排卵 1.17 个，注射孕马血清激素 250 国际单位的母羊平均排卵 1.5 个，注射 500 国际单位的母羊排卵 2.07 个，注射 1000 国际单位的母羊平均排卵数达 4.33 个。因此，在改善饲养管理条件的基础上，应用孕马血清也是提高羊繁殖力的一项有效措旋。注射孕马血清的时间应在母羊发情开始的前 3~4 天。因此，在配种前半月对母羊试情，将发情的母羊每天做不同标记，经过 13~14 天在羊后腿内侧皮下进行注射。注射

剂量一般根据羊的体重决定，即体重在 55 千克以上者注射 15 毫升，45~55 千克者注射 10 毫升，45 千克以下者注射 8 毫升。注射后 1~2 天内羊开始发情，因此在注射后第二天开始试情。

澳大利亚研制并生产的雄烯二酮-7$_\alpha$-羧乙基硫醚-人血清白蛋白制剂（商品名 Fecundin），可使绵羊的产羔率平均提高 20.0% 以上。中国农业科学院兰州畜牧研究所王利智等研制成功的双羔苗，其化学结构为睾酮-3-羧甲基肟-牛血清白蛋白，配种前在母羊右侧颈部皮下注射 2 毫升，相隔 21 天再进行第二次相同剂量的注射，能显著地提高母羊的产羔率。如根据范青松等（1990）的试验，试验组母绵羊 897 只，产羔 1148 只，产羔率为 127.98%，双羔率为 26.98%；对照组母绵羊 1383 只，产羔 1134 只，产羔率为 82.00%，双羔率为 3.47%；试验组与对照组相比，产羔率提高 24.29 个百分点，双羔率提高 23.51 个百分点，差异均极显著。与此同时，经过 30 只母羊连续两年注射的观察，其中连续两年产双羔的 9 只，占 30%；先单后双的 6 只，占 20%；先双后单的 5 只，占 16.7%；连续两年产单羔的 10 只，占产羔母羊的 33.3%。产双羔母羊占连续注射母羊的 2/3，这表明连年注射双羔苗对提高产羔率是有效的。

但是，无论是双羔素还是双羔苗，对营养条件差的母羊，基本上无双胎效果。而母羊的营养好、体况好，双胎效果就比较理想。

二、提高种公羊和繁殖母羊的饲养水平

营养条件对绵羊、山羊繁殖力的影响极大，丰富和平衡的营养，可以提高种公羊的性欲，提高精液品质，促进母羊发情和排卵数的增加。因此，加强对公羊、母羊的饲养，特别是在当前我国农村牧区的具体条件下，加强对母羊在配种前期及配种期的饲养，实行满

膘配种，是提高绵羊、山羊繁殖力的重要措施。

例如，马呈图等（1990）对 22 月龄的中国美利奴种公羊，在采精前 50 天补饲不同蛋白质水平的精料，结果含有鱼粉的高蛋白组相比于不含鱼粉的低蛋白组，一次射精量提高 27%，日增重多 86 克，一次排出精液能多输 10 只母羊，而精子密度却无明显变化。王尚宽等（1988）在配种前 2.5~3 个月，给母羊选择优良牧地，延长放牧时间，加强放牧抓膘；配种前 30~40 天，每天每羊补喂 0.25 千克精料（豆饼占 30%，玉米占 70%），使母羊在短期内膘肥体壮，经产母羊的平均体重为 55 千克，初产母羊为 45 千克以上。结果与没有短期优饲的一群母羊相比，产羔率提高 10.46%。

三、增加适龄繁殖母羊的比例，实行密集产羔

羊群结构是否合理，对羊的增殖有很大的影响。因此，增加适龄繁殖母羊（2~5 岁）在羊群中的比例，也是提高羊繁殖力的一项重要措施。在育种场，适龄繁殖母羊的比例可提高到 60%~70%，在经济羊场则可保持在 40%~50%。

另外，在气候和饲养管理条件较好的地区，可以实行羊的密集产羔，也就是使适龄繁殖母羊两年产 3 次或一年产 2 次羔。为了保证密集产羔的顺利进行，必须注意以下几点：第一，必须选择健康结实、营养良好的母羊，母羊的年龄以 2~5 岁为宜，这样的母羊还必须是乳房发育良好、泌乳量比较高的；第二，要加强对母羊及其羔羊的饲养管理，母羊在产前和产后必须有较好的补饲条件；第三，要从当地具体条件和有利于母羊的健康及羔羊的发育出发，恰当而有效地安排好羔羊早期断奶和母羊的配种时间。

四、选留来自多胎的绵羊、山羊作为种用

根据研究，绵羊、山羊的繁殖力是有遗传的。一般母羊在第一胎时生产双羔，这样的母羊在以后的胎次产双羔的重复率较高。许多研究者的试验还指出，选择具有较高的生产双羔潜力的公羊比出于同样目的来选择母羊，在遗传上更为有效。

另外，引入具有多胎性的绵羊、山羊的基因，也可以有效地提高绵羊、山羊的繁殖力。如小尾寒羊的产羔率平均为270%，苏联美利奴羊为140%，考力代羊为120%。经过杂交，苏寒一代杂种的产羔率平均为171%，苏寒二代平均为162%，考苏寒三代平均为148%。同时，考苏寒三代杂种羊在安徽省萧县，还保持了小尾寒羊常年发情、一年两产的遗传特性。

第五章

羊的营养需求与饲料加工

第一节 主要营养物质及其营养生理作用 〉〉〉

一、水

水与其他营养物质一样，是动物必需的营养成分。羊体内不含化学上的纯水，羊体内水的存在形式为：在细胞内和细胞外体液中的水，称自由水；在胶体体系中与蛋白质结合的水、存在于细胞内的水合离子及与纤维分子间封闭的水，称结合水。

肉羊体内的水来源于3个方面，即饮水、饲料水和代谢水。饮水是羊体内水的一个重要来源。饮水多与饲料种类、日粮结构、环境温度等有关。饲料水是羊获取水的另一个重要来源。不同性质的饲料，水分含量有差异，青绿多汁饲料和青贮料的水分含量高，一般为45%~90%；而干粗饲料的水分含量可低到5%~7%。羊只采食饲料的水分含量越高，饮水越少。代谢水是指体内三大有机物质在体内氧化分解和合成过程中所产生的水，其量占总摄水量的5%~10%。

肉羊体内水的营养生理作用很复杂，生命过程中许多特殊的生理功能都依赖于水的存在。水的营养生理作用主要有以下几点。

1. 构成羊体的主要成分　水是羊体内细胞的一种主要结构物质。早期发育的胎儿，含水量高达90%以上，初生羔羊的水分含量在 80% 左右，成年羊在 50% ~ 60%。一般随着年龄和体重的增加，含水量会减少。

2. 参与物质代谢　水是生物体内代谢物质的一种理想溶剂。因其电解常数高，很多化合物容易在水中电解，饲料中营养物质的吸收及代谢产物的排出，没有水的参与就不能完成。

3. 促进动物体内的生化反应　水是促进代谢反应的物质，生物体内的氧化和酶促反应都离不开水的参与。体内的消化、吸收、水解、氧化还原、有机物质的合成和细胞的呼吸过程等都必须有水的参与。

4. 调节体温　水的比热大，导热性好，蒸发热高。因此，水以呼出潮气或出汗的形式调节体温。

5. 润滑作用　水具有润滑作用。通过体液的循环，可加强各器官联系，减少体内关节和器官间的摩擦，并使关节运动灵活。

二、蛋白质

蛋白质是一类重要的高分子有机化合物，是各种 α-氨基酸通过酰胺键连成的长链分子。这种长链即所谓的"肽链"。组成蛋白质的基本元素是碳、氢、氧、氮，某些蛋白质还含有硫和磷，有些特殊蛋白质含有微量元素，如铁、锌、铜、锰、碘等。

蛋白质的营养生理作用主要表现在以下几个方面。

1. 构成机体组织细胞的主要原料　动物的神经、肌肉、结缔组织、腺体、皮肤、血液、精液、毛发和角等，都以蛋白质为其主要成分。

2. 机体内功能物质的主要成分　在动物生命和代谢活动中起催化作用的酶、起调节作用的激素、具有免疫作用的抗体，都是以

蛋白质为主要成分的。

3. 组织更新、修补的主要原料　在动物的新陈代谢过程中，组织和器官的蛋白质在不断更新，损伤组织也需要修补。同位素测定表明，动物全身蛋白质在6~7个月内可更新一半左右。

4. 提供能量或转化为糖、脂　在机体营养不足时，蛋白质也可以分解供能，维持机体的代谢活动。当摄入量过多时，蛋白质也可以转化成糖、脂。

三、矿物质

矿物质元素是动物营养中的一大类无机营养素。现已证明，动物体内有60多种元素，其中的45种已被确认参与了动物体的组成。在动物营养上，人们将各种动物都需要且在体内具有确切生理功能（如日粮供给不足导致缺乏症，经相应补充后缺乏症消失）的元素，称为必需矿物质元素。必需矿物质元素按体内含量的多少，可分为两大类。

第一类是常量矿物质元素，即体内含量大于或等于0.01%的元素。此类元素有钙、磷、钠、钾、氯、镁、硫等。

第二类是微量矿物质元素，即体内含量低于0.01%的元素。此类元素主要有铁、锌、铜、锰、碘、硒、钴、钼、氟、铬等数十种。

1. 常量矿物质元素

1）钙和磷：钙在动物体内最重要的生物学功能是参与结构物质的组成，起支持和保护的作用。通过钙控制神经递质的释放，调节神经兴奋性；通过钙控制神经体液的调节，改变细胞膜的通透性；钙还具有自身营养调节功能，当外源钙供给不足时，骨钙可大量分解供给代谢循环的需要。磷除了构成骨骼和牙齿，还有多方面的作用。磷参与体内能量代谢,是 ATP (三磷酸腺苷)、磷酸肌酸等的重要组成成分,也是底物磷酸化的重要参与者;在脂类吸收转运过程中,磷是构成磷酸酯的重要物质;在细胞膜结构中,磷是不可缺少的成分。另外,磷也是生命遗传物质 DNA (脱氧核糖核酸)、RNA (核糖核酸) 及一些酶的结构成分。

2) 钠、钾和氯:钠在动物体内并不具有特定的生理功能,但对正常生理活动却是不可缺少的。钠对维持细胞液的渗透压具有十分重要的作用;钠也影响蛋白质胶体膨胀力,参与神经肌肉兴奋过程并在细胞膜上产生电位差。钾离子在细胞内与钠、氯及重碳酸盐离子共同维持细胞内的渗透压平衡,保持细胞容积。钾作为主要的碱性离子,参与组成细胞内液的缓冲体系,维持酸碱平衡。钾离子影响神经肌肉的兴奋性,适度提高钾离子的浓度,可使兴奋性增强。

3) 镁:镁是许多种酶的辅助因子和激活剂,尤其与能量代谢和氧化磷酸化过程有关的一系列酶的激活有关。大多数需要 ATP 的酶都需要镁的参与;在反刍动物中,镁可激活微生物酶,是瘤胃微生物活动所必需的。

4) 硫:动物体内含硫量约为 0.15%。少量的硫以硫酸盐形式存在于血液中,大部分的硫以有机硫的形式存在于肌肉组织、骨骼和牙齿中。绵羊的毛中含硫量可达 4%左右。

2. 微量矿物质元素

1) 铁:参与载体组成,转运和贮存营养素;参与体内物质代谢,二价和三价铁离子是激活糖类代谢的各种酶不可缺少的活化因子;另外,铁还具有生理防卫功能,转铁蛋白除了运载铁,还有预防机体感染疾病的作用。

2) 锌:参与体内酶的组成,已知体内有 200 多种酶含有锌;参与维持上皮细胞和被毛的正常形态、生长和健康;维持激素的正常

功能，锌离子对胰岛素分子有保护作用；锌在维持生物膜的正常结构和功能方面也有一定作用。

3）铜：铜在血红素的合成和红细胞的成熟过程中起着重要作用，因而缺铜会引起贫血，其症状与缺铁相似。铜是红细胞中铜蛋白的必需成分，参与氧的代谢。凡是依赖于铜的酶都是金属蛋白，在这些含铜的酶中有细胞色素 C 氧化酶、酪氨酸氧化酶、半乳糖氧化酶、过氧化物歧化酶等，在体内色素沉积，神经传递以及糖类、蛋白质和氨基酸的代谢等方面发挥着重要作用。此外，铜还参与毛发和皮毛的色素沉着及角质化过程。

4）锰：锰是体内许多酶的激活剂，参与线粒体内氧化磷酸化与脂肪酸的合成。锰是线粒体内过氧化物歧化酶所必需的，此酶催化过氧化物转化为过氧化氢，可保护细胞免遭氧化，故缺锰会导致过氧化物的累积，损害细胞代谢。丙酮酸羧化酶是众所周知的需锰金属酶，它参与三羧酸反应。乙酰辅酶 A 羧化酶也需要锰的活化。锰在对抗脂肪肝方面有特殊的功能，它可以促进体脂的利用，抑制肝脏变性。此外，锰在磷酸吡哆醇的参与下，与氨基酸形成螯合物，参与氨基酸的代谢。

5）硒：硒最主要的生理功能是作为谷胱甘肽过氧化物酶的组成成分，对体内的过氧化物有较强的还原作用，对保护细胞膜结构完整和功能正常具有重要的作用。另外，硒有保证肠道脂酶活性，促进乳糜微粒正常形成，从而促进脂类及其脂溶性物质消化吸收的作用。

6）碘：碘最主要的生理功能是参与甲状腺组成，调节代谢和维持体内热平衡，对繁殖、生长、发育、红细胞生成和血液循环等起调控作用。体内一些特殊蛋白（如皮毛角质蛋白）的代谢和胡萝卜素转变成维生素 A 都离不开甲状腺素。

7）钴：羊体内钴的营养代谢作用，实质上是维生素 B_{12} 的代谢作用。绵羊体内丙酮酸生糖过程需要维生素 B_{12} 参与才能正常进行，维生素 B_{12} 也是某些氮代谢的重要物质。肝中蛋氨酸循环和叶酸代谢过程需要有维生素 B_{12} 组成的酶参与才能正常进行，否则，体内蛋氨酸会减少，内源氮的排出会增加。

8）钼：钼的营养作用是作为黄嘌呤氧化酶、脱氢酶、醛氧化酶、亚硫酸盐氧化酶等的组成成分，参与体内氧化还原反应。钼对刺激羔羊瘤胃微生物活动、提高粗纤维消化率等有重要作用。

9）氟：氟的主要作用是保护牙齿健康，增强骨骼和牙齿强度，预防成年羊患骨松症。

10）铬：铬的营养生理作用主要是与烟酸、甘氨酸、谷氨酸、胱氨酸形成有机螯合物，具有类似胰岛素的生物活性，对调节糖类、脂类、蛋白质的代谢有重要作用。铬还有助于动物体内代谢，抵抗应激影响。

至于其他微量元素，因肉羊对其需要量极低，实际生产中基本上不会出现缺乏症，在这里就不再赘述。

四、维生素

维生素是动物代谢所必需的一类低分子化合物。羊本身一般不能合成维生素（瘤胃内微生物可合成 B 族维生素和维生素 K），必须由日粮提供。

维生素在动物体内主要以辅酶和催化剂的形式参与体内的多种化学反应，保证组织器官的细胞结构和正常功能，维持动物的健康和各种生产活动。按维生素的溶解性，可将其分为脂溶性维生素和水溶性维生素两大类。前者包括维生素 A、维生素 D、维生素 E 和

维生素 K；后者包括整个 B 族维生素和维生素 C。脂溶性维生素只含有碳、氢、氧 3 种元素，而水溶性维生素除了含碳、氢、氧 3 种元素，还含有硫和钴。

1. 脂溶性维生素

1）维生素 A：与视觉、上皮组织的完整、繁殖、骨骼的生长发育、脑脊髓液与皮质酮的合成等都有关系。

2）维生素 D：维生素 D 最基本的功能是促进肠道对钙和磷的吸收，以提高血钙和血磷的水平，促进骨的钙化。

3）维生素 E：具有生物抗氧化作用，生育酚能通过影响膜磷脂的结构而影响生物膜的形成；维生素 E 也涉及正常的磷酸化反应，如维生素 C 的合成、泛酸的合成及含硫氨基酸和维生素 B_{12} 的代谢等。另外，维生素 E 和硒的缺乏会降低机体的免疫力及对疾病的抵抗力。对羔羊而言，维生素 E 缺乏会导致白肌病。

4）维生素 K：主要是参与凝血活动，是前凝血酶原（因子Ⅱ）、血浆促凝血酶原激酶（因子Ⅸ）等激活时所必需的物质。维生素 K 缺乏会导致凝血时间延长。

2. 水溶性维生素

1）B 族维生素：主要作为辅酶，催化糖类、脂肪和蛋白质代谢中的各种反应。成年绵羊瘤胃内能合成满足自身需要的 B 族维生素，故一般不发生 B 族维生素缺乏症。

2）维生素 C：在细胞内电子转移反应中起重要作用；参与某些氨基酸的氧化反应；可促进日粮中矿物质的吸收及其在体内的分布，尤其是在促进铁离子的吸收和在体内的转运方面已得到共识。

五、糖类

糖类是多羟基醛和多羟基酮及其聚合物，以及某些衍生物的总称。它可以分为单糖、低聚糖和多糖3大类。它在动物营养上主要将糖类分为无氮浸出物和粗纤维。

糖类的营养生理作用如下。

1. **供能和贮能** 糖类，特别是葡萄糖，是供给动物代谢最有效的营养素。它是大脑神经系统、肌肉、脂肪组织、胎儿生长发育、乳腺等代谢的唯一能源。葡萄糖供给不足，妊娠母羊就容易出现妊娠毒血症，严重时会导致死亡。糖类除了直接氧化供能，也可以转变成糖原和脂肪加以贮存。

2. **参与机体功能物质的合成** 羊体内结构糖类具有多种营养生理功能。黏多糖是保证动物多种生理功能的重要物质；透明质酸具有高度黏性，对润滑关节、减少震动、保护机体有重要作用；硫酸软骨素在软骨中起结构支持作用；糖蛋白因多糖部分的复杂性而表现出多种生理功能，例如由唾液酸组成的糖蛋白对消化道具有润滑作用，而胃肠黏膜中的糖蛋白是促进维生素 B_{12} 吸收的一种固有因子。

3. **形成动物产品** 这一作用主要体现在泌乳期，如产双羔的绵羊每天需要约200克葡萄糖用以合成乳糖，进入乳腺中的血糖量是限制奶产量的因素之一。另外，葡萄糖也参与部分羊奶蛋白质非必需氨基酸的形成。

第二节 肉羊的营养需要 〉〉〉

羊需要的营养物质，如蛋白质、矿物质、维生素和水等，都从饲料中获得。

只有合理供给营养，才能经济利用饲草饲料，生产出量多质优的畜产品。羊的营养需要包括维持需要和生产需要。维持需要指羊为了维持其正常的生命活动，体重既不增加又不减少，也不生产时，其基本生理活动所需要的营养物质。而对肥育羊来说，生产需要主要指生长和产毛所需要的能量。

一、能量的需要量

能量的作用是供给羊体内器官正常活动，维持羊的日常生命活动和体温。饲粮的能量水平是影响生产力的重要因素之一。

能量不足，会导致幼龄羊生长缓慢、肉羊生产力下降、羊毛生长缓慢、毛纤维直径变细等。能量过高，一则造成浪费，二则对动物的生长发育带来负面影响，对生产同样不利。

因此，合理利用能量水平，对保证羊体健康、提高生产力、降低饲料消耗具有重要的作用。

1. 维持能量需要　美国 NRC（国家研究委员会）确定的绵羊的维持能量为 $Nen = 56W^{0.75} \times 4.1868$ 千焦（W 为体重）。

2. 生长能量需要 NRC 认为不同品种的绵羊，用于生长的能量是不同的。对于空腹体重为 20~50 千克的绵羊，每千克空腹增重需要的能量，轻型体重的羔羊为 12.56~16.75 兆焦/千克，重型体重的羔羊为 23.03~31.40 兆焦/千克。在生产上计算增重所需的能值，需要将空腹重换算成活重。空腹重乘以 1.195 为估计活重。

下面列出美国 NRC 建议的绵羊育肥期净能需要量（表 5-1）及中国建议的新疆细毛羊羔羊舍饲育肥代谢能需要量（表 5-2）和消化能需要量（表 5-3），以供参考。

表 5-1 美国 NRC 建议的绵羊育肥期净能需要量

单位：兆焦/（天·只）

日增重	体重（千克）							
（克）	10	20	25	30	35	40	45	50
100	0.74	1.26	1.48	1.70	1.91	2.11	2.31	2.49
150	1.12	1.88	2.23	2.55	2.86	3.16	3.46	3.74
200	1.49	2.51	2.96	3.40	3.82	4.22	4.61	4.99
250	1.87	3.14	3.68	4.25	1.47	5.28	5.76	6.23
300	2.24	3.77	4.45	5.10	5.72	6.33	6.91	7.48
维持净能需要量	1.47	2.22	2.62	3.00	3.37	3.73	4.07	4.41

表 5-2 中国建议的新疆细毛羊羔羊舍饲育肥代谢能需要量

单位：兆焦/（天·只）

日增重	体重（千克）						
（克）	20	25	30	35	40	45	50
50	6.27	7.52	8.57	9.62	10.66	11.71	12.76
100	7.42	8.62	9.82	11.05	12.22	13.42	14.61
150	8.36	9.71	11.06	12.44	13.77	15.12	16.47
200	9.30	10.81	12.31	13.81	15.32	16.82	18.33
250	10.25	11.90	13.56	15.22	16.87	18.53	20.19
300	11.19	13.00	14.81	16.62	18.43	20.24	22.05

表 5-3　中国建议的新疆细毛羊羔羊舍饲育肥消化能需要量

单位：兆焦／（天·只）

日增重	体重（千克）						
（克）	20	25	30	35	40	45	50
50	7. 90	9. 21	10. 50	11. 79	13. 08	14. 37	15. 66
100	9. 07	10. 55	12. 04	13. 52	15. 00	16. 48	17. 96
150	10. 27	11. 89	13. 56	15. 24	16. 91	18. 59	20. 28
200	11. 36	13. 23	15. 09	16. 96	18. 83	20. 69	22. 56
250	12. 51	14. 57	16. 63	18. 68	20. 74	22. 80	24. 86
300	13. 65	15. 88	18. 15	20. 40	22. 66	24. 90	27. 30

二、蛋白质的需要量

蛋白质具有重要的营养作用。它是动物构成组织和体细胞的基本原料，是修补组织的必需物质，还可以代替糖类和脂肪起产热作用，以供给机体能量的需要。羊日粮中蛋白质不足，会影响瘤胃的生理效果，使羊的生长发育缓慢；严重缺乏时，会导致羊只消化紊乱，体重下降，贫血、水肿以致抗病力减弱。饲喂蛋白质过量，多余的蛋白质就会变成低效的能量，很不经济，而且过量的非蛋白氮和高水平的可溶性蛋白质会造成氨中毒。所以，合理的蛋白质水平很重要。

在绵羊瘤胃消化功能正常的情况下，NRC（1985）用析因法求出蛋白质需要量，其计算公式为：

$$粗蛋白需要量（克/天）= \frac{PD+MFP+EUP+DL+WOOL}{NPV}$$

式中，PD——蛋白质储留量（克/天）；

MFP——粪中代谢蛋白质（克/天），假定为 33.44 克/天干物质采食量；

EUP——尿中内源蛋白质（克/天），0.14675×体重（千克）+3.375；

DL——皮肤脱落蛋白质（克/天），$0.1125W^{0.75}$（W 为体重）；

WOOL——羊毛内的蛋白质（克/天），成年羊假定为 6.8 克/天；

NPV——蛋白质净效率，按 0.561 计算。

下面列出新疆细毛羊羔羊舍饲育肥粗蛋白需要量（表 5-4），以供参考。

表 5-4　中国建议的新疆细毛羊羔羊舍饲育肥粗蛋白需要量

单位：兆焦/（天·只）

日增重	体重（千克）						
（克）	20	25	30	35	40	45	50
50	84.00	93.00	102.00	111.00	114.00	125.00	139.00
100	111.00	121.00	132.00	141.00	143.00	152.00	159.00
150	141.00	150.00	161.00	171.00	170.00	179.00	186.00
200	158.00	168.00	178.00	187.00	183.00	192.00	198.00
250	171.00	180.00	189.00	198.00	192.00	198.00	206.00
300	183.00	191.00	200.00	207.00	204.00	210.00	215.00

三、矿物质的需要量

绵羊正常营养需要多种矿物质。矿物质是羊体组织、细胞、骨骼和体液的重要成分。体内缺乏矿物质，会引起神经系统、肌肉运动、食物消化、营养输送、血液凝固和体内酸碱平衡等功能的紊乱，从而影响羊体健康、生长发育、繁殖和畜产品产量等，甚至导致死亡。

下面列出美国 NRC 建议的绵羊矿物元素需要量（表 5-5）及中

国建议的新疆细毛羊羔羊舍饲肥育食盐需要量（表5-6），以供参考。

表5-5 美国NRC建议的绵羊矿物元素需要量

常量元素		微量元素	
成分	需要量 （占日粮干物质百分比）	成分	需要量 （毫克/千克日粮干物质）
钙	0.20~0.82	碘	0.10~0.80
磷	0.16~0.38	铁	30~50
钠	0.09~0.18	铜	7~11
钾	0.12~0.18	锰	20~40
镁	0.50~0.80	锌	20~33
硫	0.14~0.26	硒	0.10~0.20
		钴	0.10~0.20

表5-6 中国建议的新疆细毛羊羔羊舍饲肥育食盐需要量

成分	体重（千克）						
	20	25	30	35	40	45	50
食盐需要量 （克/天）	6.00	7.00	8.00	9.00	10.00	11.00	12.00

四、维生素的需要量

维生素属于低分子有机化合物，其功能在于启动和调节有机体的物质代谢。羊体必需的维生素分为脂溶性维生素（维生素A、维生素D、维生素E、维生素K）和水溶性维生素（B族维生素和维生素C）。维生素不足会引起机体代谢紊乱，羔羊表现出生长停滞，抗病力弱；成年羊表现出生产性能下降。羊需要的维生素除由饲料中获取外，还可由消化道微生物合成。在实际生产中，一般对维生素

A、维生素 D、维生素 E 比较重视。

下面列出法国 AEC（动物营养平衡委员会）建议的绵羊维生素需要量（表 5-7），以供参考。

表 5-7 法国 AEC 建议的绵羊维生素需要量

名称	需要量
维生素 A	8000~15000（国际单位/天）
维生素 D$_3$	1500~3000（国际单位/天）
维生素 E	30~40（毫克/天）

第三节 饲料种类及其营养特性 〉〉〉

一、青贮饲料

青贮饲料指由新鲜的天然植物性饲料，或者是在新鲜的植物性饲料中加各种辅料（如麦麸、玉米粉、尿素、糖蜜）、防腐剂及其他青贮添加剂后，在厌氧环境下，让乳酸菌大量繁殖，将饲料中的糖类转变成乳酸。当乳酸累积到一定浓度而使青贮物中的 pH 值下降到 3.8~4.2 时，可抑制其他有害微生物（如腐败菌、霉菌等）的繁殖，达到长期保存青绿饲料的目的。

青贮饲料的营养特性如下。

第一，青贮饲料本身干物质的营养成分与原料饲料有很大的差

别。青贮饲料的粗蛋白主要由非蛋白氮组成；而无氮浸出物中，糖分极少，乳酸和醋酸的含量相当高。

第二，青贮饲料与原料相比，蛋白质的消化率非常接近，但青贮饲料中粗蛋白被动物利用的效率比原料要低。这可能是青贮料中能量物质含量不高，"供能"不足，降低了瘤胃中微生物蛋白质合成效率的缘故。因此，在饲喂青贮饲料时，必须添加易发酵的糖类，以满足微生物对非蛋白氮的利用。

第三，制作良好的青贮饲料代谢能值（以干物质计）为 10.0~12.5 兆焦/千克，这主要取决于收割时的成熟阶段和保藏方法。青贮饲料代谢能在维持和育肥时利用效率分别为 0.68 和 0.43。

第四，许多试验表明，羊对青贮饲料干物质的采食量比原料和同源干草都要低。这可能是受这些因素的影响：一是青贮饲料的酸度，采食后，瘤胃中酸度增加，体液中酸碱平衡紧张；二是青贮饲料中酪酸梭菌的发酵，酪酸梭菌在发酵过程中会产生不良气味，而且有毒，这些都对采食量有影响。

二、青绿饲料

青绿饲料主要包括天然牧草、农作物秸秆、树叶及林产类、叶菜、瓜果类、根茎类等，是一种水分含量在 60% 以上的青绿多汁饲料。

青绿饲料的营养特性如下。

第一，含水量高。陆生植物的含水量为 75%~90%，而水生植物约为 95%。因此鲜草的能量含量低，如以干物质为基础计算，其能量含量为 8400~12600 千焦/千克。

第二，蛋白质含量高，质量好。青绿饲料中蛋白质含量丰富，以干物质计，禾本科牧草和蔬菜类含量为 13%~15%，豆科牧草中含量为 18%~24%。蛋白质中氨化物占总氮量的 30%~60%，绵羊对此类粗蛋白的利用率较高。

第三，粗纤维含量变化大。幼嫩的青绿饲料粗纤维含量较低，木质素少，无氮浸出物高。但随着植物的生长和老化，其粗纤维和木质素含量逐渐增加，动物对其消化率下降。

第四，钙磷比例适宜。青绿饲料中钙磷含量占鲜样的 1.5%~2.5%，是家畜的良好来源，且其比例适宜。

第五，维生素含量丰富。特别是胡萝卜素含量较高，每千克饲料中含 50~80 毫克。在正常采食的情况下，放牧家畜采食的胡萝卜素可超过其需要量的 100 倍。另外，B 族维生素及维生素 C、维生素 E、维生素 K 含量也较多，但缺乏维生素 B_6 及维生素 D。

三、能量饲料

干物质中粗纤维含量小于 18% 或细胞壁含量小于 35%，同时粗蛋白含量大于 20% 的谷实类（如小麦、玉米、大麦、高粱、稻谷等）、糠麸类（如麦麸、米糠、玉米皮等）、淀粉质的块根块茎类（如马铃薯、木薯、甘薯等）、糟渣类（如醋渣、酒糟、甜菜渣等）均属能量饲料。

能量饲料的营养特性如下。

第一，能值高。这类饲料中无氮浸出物含量均较高（糠麸类除外），且其中主要是淀粉，可利用能值高，每千克的消化能为 10.5~14.3 兆焦。

第二，粗蛋白和必需氨基酸含量低。按干物质计算，粗蛋白一般为 8.9%~13.5%。同时，蛋白质的品质差，主要表现在必需氨基

酸不平衡，尤其缺乏赖氨酸和色氨酸。

第三，粗纤维含量低。粗纤维含量为 1.5%～12%，故有机物质消化率高，且适口性好。

第四，粗灰分含量低。粗灰分含量一般为 1%～4%，其中钙低于 0.1%，磷稍高些，但大多为植酸磷，利用率仅为总磷的 1/3。因此在日粮中应注意钙和磷的补加。

第五，维生素含量不平衡。这类饲料中维生素 A 和维生素 D 含量不足，但富含 B 族维生素和维生素 E，如糠麸类中 B 族维生素较丰富。

四、粗饲料

凡饲料干物质中粗纤维含量在 18% 以上的都属粗饲料。它主要包括干草、纤维性农副产品（秸秆、秕壳类等）和林业产品（枯枝、树叶）三大类。

粗饲料的营养特性如下。

第一，豆科牧草干草的蛋白质和矿物质比禾本科干草的丰富。苜蓿是一种非常重要的豆科牧草，营养价值较高，许多国家都用它来调制干草。

第二，农副产品和林业类粗饲料的粗纤维含量高（30%～35%），通过动物消化道的速度非常缓慢，适口性较差，动物大多不愿采食，在饲喂时要限制其用量。

第三，秸秆类饲料的蛋白质含量较低，特别是禾本科秸秆的粗蛋白含量只有 3.2%～6.2%，豆科作物的粗蛋白含量稍高，为 6.8%～11.0%。另外，粗饲料中胡萝卜素含量较低，一般为 2～5 毫克/千克。

第四，粗饲料是一种大容积性饲料，这种饲料可刺激动物的消化道充分发育，使其具有较大的生理有效容量。另外，胃肠道的正常蠕动、粪便的正常形成和排出都需要一定量的粗纤维性物质。因此，肉羊饲料中必须有一定量的粗饲料。

五、饲料添加剂

出于补充饲料中所含养分的不足、平衡动物饲粮、满足动物营养、改善和提高饲料品质、促进动物生长发育、提高动物生产效率等的需要，而向饲料中添加的少量或微量可食物质称为饲料添加剂。

饲料添加剂的营养特性如下。

第一，补充饲料营养成分。如氨基酸添加剂、维生素添加剂、矿物质添加剂等。

第二，促进饲料所含成分的有效利用。如抗生素、生长促进剂、食欲增进剂等。

第三，防止饲料品质下降。如防霉剂、黏结剂等。

六、蛋白质饲料

干物质中粗纤维含量小于18%，同时粗蛋白含量在20%以上的饲料，均属蛋白质饲料。生产中常用的蛋白质饲料主要有植物性蛋白质饲料、动物性蛋白质饲料、非蛋白氮饲料及单细胞蛋白质。

1. 植物性蛋白质饲料　主要指饼粕类。油籽压榨取油后的副产品称为饼，如大豆饼、菜子饼等。预榨—浸提取油后的副产品称为粕，如豆粕、棉粕等。

植物性蛋白饲料的营养特性如下。

第一，大豆饼粕的粗蛋白含量高（40%~47%），品质好。赖氨酸、精氨酸、亮氨酸和异亮氨酸的含量高，且比例适当。

第二，菜子饼粕中粗蛋白含量一般为36%~39%，蛋白质消化率比豆粕略低，必需氨基酸的组成和比例不亚于豆粕，但蛋氨酸的含量稍低，使用时需适当补加。

第三，去壳的棉仁饼粕，粗蛋白含量在40%以上，未去壳的棉饼粕只有24%。赖氨酸、蛋氨酸的含量低，精氨酸的含量较高。在以棉粕为主要蛋白质来源时，需要补加赖氨酸和蛋氨酸。

第四，饼粕类饲料均不同程度地存在抗营养因子，如大豆饼粕中的抗胰蛋白酶、菜子饼粕中的硫葡萄糖苷和棉子饼粕中的游离棉酚等，在使用时注意消除。

2. 动物性蛋白质饲料　主要指用作饲料的水产品，畜禽加工副产品及乳、丝工业的副产品等，如鱼粉、肉骨粉、血粉、羽毛粉、乳清粉、蚕蛹粉等。

动物性饲料的营养特性如下。

第一，蛋白质含量高，为40%~85%。

第二，灰分含量较高，钙、磷含量丰富且比例适当。

第三，脂肪含量较高，易出现酸败。

3. 非蛋白氮饲料　主要是指蛋白质之外的其他含氮物，如尿素、双缩尿、硫酸铵、磷酸氢二铵等。

非蛋白氮的营养特性如下。

第一，粗蛋白含量高，如尿素中粗蛋白含量相当于豆粕的7倍。

第二，味苦，适口性差。

第三，不含能量，在使用中应注意补加能量物质。

第四，缺乏矿物元素，特别要注意补充硫、磷。

4. 单细胞蛋白质　是利用糖、氮、烃类等物质，通过工业方式，培养能利用这些物质的细菌、酵母等微生物而制成的蛋白质，如饲料酵母。这种蛋白质的生物效价高，生产率高，世界各国对单细胞蛋白质的生产都十分重视。

单细胞蛋白质的营养特性如下。

第一，由于单细胞蛋白质是由每个能独立自下而上的单细胞构成，所以产品中含有丰富的酶系，各种营养成分也比较协调。

第二，含有丰富的 B 族维生素、氨基酸和矿物质，粗纤维含量较低。

第三，单细胞蛋白质中赖氨酸含量高，蛋氨酸含量低。

第四，单细胞蛋白质具有独特的风味，对增进动物的食欲有良好的效果。

七、维生素饲料

工业提取的或人工合成的饲用维生素均属维生素饲料，如维生素 A 醋酸酯、胆钙化醇醋酸酯等。

维生素饲料的营养特性如下。

第一，维生素在饲料中的用量非常小。

第二，常以单独一种或复合维生素的形式添加到配合饲料中，用以补充饲料营养成分的不足。

八、矿物质饲料

凡天然可供饲用的矿物（如白云石、大理石、石灰石等）、动物性加工副产品（如贝壳粉、蛋壳粉、骨粉等）和矿物盐类均属矿物质饲料。

矿物质饲料的营养特性如下。

矿物质饲料可以补充动植物饲料中某些矿物元素含量的不足。如钙源性饲料常用来补充钙元素的不足；磷源性饲料用来补充磷的不足；其他矿物质如硫酸铜、硫酸亚铁、硫酸锌、硫酸锰、硫酸镁、亚硒酸钠、碘化钾等都可补充相应金属元素的不足。

第四节 饲料加工与调制技术 〉〉〉

一、干草的调制

干草的调制方法一般有田间自然干燥法和人工干燥法。

1. 田间自然干燥法 是利用阳光自然晒干的一种方法。其干燥的速度取决于饲草组织和空气中水分压力差的大小。饲草开始干燥时水分损失快，后来逐渐变慢，失水约 1/3 时，牧草的气孔开始关闭，水分只能通过表皮和角质层蒸发；干燥的后阶段，因原生质层的渗透性降低、细胞质的渗透浓度增加，饲草水分含量与空气湿度接近平衡，从而限制了干燥。晒制干草时，草层的厚度、翻动的频率、草行间的距离及草本身的特性，对饲草水分的散失都有影响。

2. 人工干燥法 是利用流动的高温热气将饲料原料中的水分蒸发带走，使原料干燥的一种保存饲料的方法。人工干燥法非常有效，干物质损失少，而且产品的营养价值接近新鲜作物。但由于缺乏阳光的照射，维生素 D 含量低。在干草的贮存过程中，胡萝卜素、叶黄素和维生素 E 因遭氧化而损失，温度越高，损失越大。

二、青贮

青贮指在厌氧环境下，让乳酸菌大量繁殖，从而将饲料中的糖类转变成乳酸。当乳酸积累到一定浓度而使青贮物中的 pH 值下降到 3.8~4.2 时，可抑制其他有害微生物，如腐败菌、霉菌以及乳酸菌本身的繁殖，达到长期保存青绿饲料的目的。

青贮的原料有收获过玉米棒的玉米秸秆（颜色以青绿为好），对动物无毒无害的青草、绿树叶，块根块茎类及其藤、蔓等。青贮设备通常采取地下式青贮窖。建窖时要选择地势高、背风向阳、排水良好的地方。青贮窖一般为圆形，直径 1.5 米，深 1.5~1.7 米，容量为 1500 千克左右。根据养殖规模的大小，可建 2~3 个，要求窖壁光滑、无裂缝、不渗水、不透气，窖沿高出地面 10 厘米。

装窖前，先除去叶、藤、蔓中的腐烂部分，块根块茎洗净泥沙，玉米秸秆应剔除根部。将原料切碎，块根块茎切成条状，玉米秸秆打烂并切碎，长度以 1.5~2.5 厘米为宜，原料的相对湿度控制在 65%~75%（检验方法：用手紧握切碎的原料，指缝间有水渗出但不滴下时合适）。湿度不足时加清水，过湿时晾晒或加入一些干草粉。装料时先在窖底摊一层 20 厘米厚的麦草，然后将已调节好湿度的原料平铺上，每装料 20 厘米，需夯实或用脚踩实，特别是窖的边缘，更应踩实。为保证青贮质量，每次踩实后可撒一薄层麸皮或玉米面。这样层层装起直到窖口，装满后窖顶呈馒头状，最后用塑料薄膜密封，压上 30~40 厘米的土层。40~60 天后可使用，羊的日饲喂量为 1.5~2.5 千克，应占每日采食量的一半。特别需要注意的是，窖口

启封后要每天使用，不可间断；如有发霉就弃之不用，以防羊只中毒。

三、氨化

秸秆用氨水、尿素等处理后（通称氨化），可改善其适口性，提高采食量和有机物质的消化率，尤其是能提高粗蛋白和粗纤维的消化率。氨化处理低质粗饲料的方法主要有氨水法和尿素处理法。

氨化饲料一般在氨化池中进行，氨化池以长方形为好，中间隔开成双联池，可轮换处理饲料，池底及四周用水泥抹面。池的大小根据羊只的数量而定，每立方米氨化池中可装切碎的秸秆150千克。肥育羊每日饲喂1~1.5千克为宜，且需同其他饲料搭配饲喂。

用于氨化的粗饲料水分含量应在15%~20%，过高、过低均影响氨化效果。氨化前将粗饲料粉碎（长度约2厘米）。氨的用量一般按干物质重量的3%~5%计，配成浓度为25%~35%的溶液，从密封的堆垛顶部灌入，最后密封好。尿素在尿素酶的作用下可分解为氨，且用尿素处理比氨水更安全、更便宜。常用的方法是将5%的尿素水溶液与原料按1∶1混合，密封20~30天后可启封饲喂。尿素氨化秸秆要求相对湿度为50%~60%。氨化饲料在饲喂之前应先摊晒，待氨味挥发后再投饲，同时需与其他饲料搭配饲喂。

四、粗饲料的微生物处理

微生物处理又叫微贮，是利用合适的微生物，将粗饲料中的木质素分解，并且该菌种又不会利用太多的纤维素和半纤维素。从理论上讲，经微生物处理可以达到断裂木质素、半纤维素和纤维素的链；进一步把半纤维素和纤维素水解为糖类，甚至把糖类转化为低级脂肪酸。但以目前的条件，做到上述任何一步都有困难，主要问题是难以找到适合的微生物，但这种方法无疑是今后处理粗饲料最有希望的方法。

第五节 全日粮配制技术 >>>

一、配方设计的原则

第一，必须参考肉羊的营养需要量表或饲养标准，在此基础上，再根据饲养实践中羊的生长与生产性能情况予以灵活应用。如发现日粮营养水平偏高，可酌量降低；反之，就适当提高。

第二，须注意日粮的适口性，应尽量配合一种适口性好的日粮。

第三，应考虑经济的原则，因地制宜、因时制宜地选用原料，尽可能使所配日粮的成本最低。

第四，日粮配合时须考虑羊的消化生理特点，选用适宜的原料。

二、配方示例

羊的采食量依据体重、年龄、生长阶段、生产水平等而有所不同。断奶羔羊生长速度快，采食饲料干物质量一般占体重的6%；

20千克重的羔羊，中等速度生长时，采食饲料干物质量约占体重的5%，快速生长时则为6%；30千克重的羔羊，以中等速度生长时，采食饲料干物质量一般占体重的4.3%，快速生长时则为4.7%。

下面以体重30千克的羔羊，中等速度生长（日增重200克）为例，进行配方设计，以供参考。

第一步，从饲养标准中查出30千克重的羔羊，日增重200克时，其营养需要量列于表5-8。

表5-8　30千克重的羔羊，日增重200克的营养需要量

干物质采食量（千克）	消化能（兆焦）	粗蛋白（克）	钙（克）	磷（克）	食盐（克）
1.2	15.8	178.0	3.6	3.0	8.0

第二步，假如选择玉米、麦麸、豆粕、菜子粕、玉米秸粉、苜蓿草粉、石粉、磷酸氢钙、复合添加剂等原料，可对原料中各营养物质的含量进行实测，或从"饲料营养价值表"中查出，列于表5-9。

表5-9　原料营养成分表

原料	干物质（%）	消化能（兆焦/千克）	粗蛋白（%）	钙（%）	磷（%）
玉米	87.00	14.57	8.90	0.02	0.27
麦麸	87.00	12.22	15.70	0.07	1.43
豆粕	87.00	14.15	43.00	0.32	0.61
菜子粕	87.00	13.19	38.60	0.65	1.07
玉米秸粉	87.00	7.14	2.50	0.01	0.02
苜蓿草粉	87.00	9.62	17.20	1.52	0.22
石粉	99.90			37.00	
磷酸氢钙	99.90			27.90	14.40
复合添加剂	90.00				

第三步，根据羔羊的消化生理特点，日粮中必须含有一定量的

粗饲料，本配方中粗饲料的比例不低于40%。

（1）初拟配方（以风干样为基础），如表5-10。

表中原料合计0.98千克，用百分比表示为98%，预留出2%供添加食盐、石粉、磷酸氢钙和复合添加剂。

（2）根据原料用量进行营养物质总含量的计算，具体见表5-11。

表5-10　初拟配方原料配比

原料	玉米	麦麸	豆粕	菜子粕	玉米秸粉
配比（千克）	0.30	0.10	0.07	0.06	0.30

表5-11　初拟配方营养成分计算值

原料	用量（千克）	消化能（兆焦）	粗蛋白（%）	钙（%）	磷（%）
玉米	0.30	4.37	2.67	0.006	0.071
麦麸	0.10	1.22	1.57	0.007	0.143
豆粕	0.07	0.99	3.01	0.022	0.043
菜子粕	0.06	0.79	2.32	0.039	0.064
玉米秸粉	0.30	2.14	0.75		
苜蓿草粉	0.15	1.44	2.58	0.228	0.033
合计	0.98	10.96	12.90	0.305	0.357

（3）将初拟配方中各营养物质含量乘以采食量1.38千克后，结果列于表5-12。

表5-12　初拟配方日提供营养成分

消化能（兆焦）	粗蛋白（克）	钙（克）	磷（克）
15.12	178.02	4.21	4.93

这一结果与营养需要量相比，各项指标均接近，说明配方基本合适，但钙和磷的比例不恰当，应用石粉调整钙、磷比例到1.5~2。

设再加入x%的钙后，可达上述要求：$(x+0.305)/0.357 \approx 1.5$，得$x=0.23$；则饲料中应添加37%的石粉0.6%（0.23%/

0. 37 ≈ 0. 6%）。

第四步，将初拟配方进一步调整后，结果见表 5-13。

表 5-13　调整后的饲料配方及营养成分

饲料组成	比例（%）	营养成分
玉米	30. 3	消化能　11. 17 兆焦/千克
麦麸	10. 0	粗蛋白　13. 2%
豆粕	7. 0	钙　0. 54%
菜子粕	6. 0	磷　0. 36%
玉米秸粉	30. 0	
苜蓿草粉	15. 0	
石粉	0. 6	
食盐	0. 6	
复合添加剂	0. 3	
合计	99. 8	

第六节 草场的利用与建设 　　　　　　　　〉〉〉

一、割草地的利用与建设

1. 割草地的利用　割草地是将牧草刈割后作为青饲料、青贮饲料或调制干草的原料基地，以保证家畜在漫长的冷季获得基本草料。这对抗灾保畜、克服牧草季节不平衡具有重要作用。随着种草养畜的发展，割草地的建设和规模必将进一步扩大，在现代草地畜牧业中所起的作用会越来越大。

在天然条件下，割草地主要分布在森林草原带和湿润草原带。干旱草原宽谷冲积地和干燥盆地也可以用作割草地。割草地的土壤结构良好，通气性和透水性良好，pH 值为 6~7；地形较平坦，坡度一般不超过 10°，以利于机械作业。割草地上的草种应以根茎禾草、疏丛禾草及株体高大的豆科牧草为主。

割草地在利用时应注意以下几个问题。

1）割草时期应适当：割草时期是否适当，对干草、青贮的品质、产量和以后的牧草生产都有很大的关系。一般情况下，禾本科牧草占优势的割草地在抽穗期刈割，豆科和其他双子叶牧草占优势的割草地在开花期刈割，这个时期牧草的产量、蛋白质含量和总消化养分均最高，家畜可以消化利用的营养物质最多。迟于这个时期，

蛋白质含量下降，粗纤维增加，而且牧草的干物质消化率也大大下降。

从牧草的生长发育阶段来看，合适的刈割期只有 10 天左右。因此要迅速割草，不要把时间拖得太长。但要考虑天气条件是否宜于调制干草和青贮。要避开雨期，不应冒雨刈割。

2）割草次数：除人工草地外，天然草地都是 1 年刈割 1 次，再生草在冷季进行放牧。在条件好的地方，也可以对再生草进行刈割。但需要注意的是，最后的刈割工作应在生长季停止前 1 个月结束，使牧草有一段积累、贮存营养物质的时间，以利于越冬和来年的再生。

3）刈割的留茬高度：留茬高度不仅影响产量、质量，而且影响再生草的生长。留茬过高，则叶片损失大，造成产量损失，牧草品质也随之降低；留茬过低，则牧草的再生力减弱，影响以后的产量。因此应按割草地类型和割草次数的不同而采用不同的留茬高度。干旱草地上的禾本科牧草的留茬高度为 3~4 厘米；湿润草地上的禾本科杂草草地为 5~6 厘米；以芦苇为主的河滩草地为 8~12 厘米；羊草草地为 5~6 厘米；苜蓿草地为 7~10 厘米；一年生草地为 1~3 厘米。第二次割草的留茬高度比第一次高 1~2 厘米。

2. 割草地的管理与建设　从割草对牧草地的影响来看，如果连年在同一地块上定期或早期刈割，尤其是在刈后继续利用再生草的情况下，则往往造成以后年份中牧草产量降低，牧草品质变劣，甚至使草地退化。为了防止和减少这种不合理利用带来的损失，保持割草地的稳产、高产，应当加强对割草地的有效管理，实行合理的利用制度——割草地轮刈制。这种方法就是将割草地分成若干个小区，各小区在各个年份，按照一定的顺序在不同的生长发育阶段割草，使它们在几年之中能够结实、休闲或放牧利用一次，确保草地不退化。

具体做法是，在 1 年只割 1 次草的地方，将一种类型的割草地分为大致相等的 5 个区，实行 5 年 5 区轮换，如表 5-14 所示。

表 5-14　5 年 5 区的割草地轮换方案

割草年份	刈割时期				
	第一区	第二区	第三区	第四区	第五区
第一年	开花盛期	抽穗—孕蕾期	开花初期	种子成熟后	休闲或放牧
第二年	抽穗—孕蕾期	开花初期	种子成熟后	休闲或放牧	开花盛期
第三年	开花初期	种子成熟后	休闲或放牧	开花盛期	抽穗—孕蕾期
第四年	种子成熟后	休闲或放牧	开花盛期	抽穗—孕蕾期	开花初期
第五年	休闲或放牧	开花盛期	抽穗—孕蕾期	开花初期	种子成熟后

当采用 6 年 6 区的轮换时，第一年正常刈割两次。第二年刈割两次，第一次在盛花期刈割。第三年刈割一次，在种子成熟后刈割。第四年刈割两次，第一次在盛花期。第五年刈割两次，第一次在开花初期。第六年放牧利用或休闲培育。

在割草地管理上，不仅要尽可能做到每次割草后及时灌溉，还应注意不要在春季放牧。在牧草生长早期放牧，必然造成割草期延迟，导致不良杂草的发育，影响牧草生长，使草产量降低。此外，春季放牧，有价值的牧草被家畜采食后，不能正常发育，从而使牧草成分变差。正常割草后的再生草可以放牧，但应在草的高度达到 15~20 厘米时进行，并且放牧强度应轻一些，不要超过草产量的70%。在牧草生长停止前 1 个月停牧，使牧草能生长到一定的高度，充分积累、贮存越冬和来年萌发用的营养物质，入冬牧草枯黄后可再次放牧。割草地土壤过于潮湿或疏松时不应放牧，以免破坏土壤结构和造成家畜的腐蹄病。

二、放牧地的利用与建设

1. 放牧地的合理利用

1）放牧对草地的影响：放牧的家畜在草地上吃草和活动，势必对草地产生影响，如采食牧草、扰乱草层成分、践踏牧草与土壤和排泄粪便等。

（1）采食牧草：放牧家畜采食牧草枝叶，采食的次数和采食量的高低影响着牧草的分蘖和叶面积指数。在过度放牧的情况下，叶面积不断减少，使植物逐渐减少或失去养分供给的来源，进而使生长发育受到抑制。另外，牧草的根与茎叶生长有相互依赖的关系，根从茎叶获得营养物质，茎叶从根部吸收养分与水。过度放牧不但妨碍了植物制造养分，也影响到根系的生长。一般来说，放牧会导致牧草根系变短、根量减少，甚至会使根系停止生长。

（2）扰乱草层成分：家畜对牧草的采食是有选择性的，它们总是先采食喜食的牧草，这是其天性。但这种选择性采食却对草层中的牧草组合产生一定的扰乱作用。喜食的牧草多次受到采食损害而影响其生长和繁殖，不被牲畜采食的杂草趁机生长繁衍，最后使草层中优良的牧草和杂草的比例发生了变化。在未退化的草地上，优良牧草在草层中总是占优势的，只要不过度放牧，就不会对草层产生很大的扰乱作用。

（3）践踏牧草与土壤：放牧时家畜蹄子的践踏对牧草和土壤有很大的影响。践踏会对牧草形成蹄伤，在家畜密度过大的情况下，蹄伤对牧草的损害比采食还要大。绝大多数优良牧草都不能忍受过分的践踏，往往践踏 2~3 次就会死亡，但有些牧草，如白三叶、狗牙根、车前、蒲公英等较耐践踏。对土壤来说，适当的践踏具有轻耙和镇压的作用。在土壤板结时，践踏可消除板结，使土壤疏松，透气性增加。但过重践踏会使土壤紧实，水分和透气性变差。

（4）排泄粪便：家畜在放牧的过程中将粪尿排泄在草地上成为牧草的肥料。1 只羊 1 年排泄到草地上的氮素约为 0.79 千克，磷肥和钾肥分别为 0.33 千克和 0.9 千克。牧草是家畜的粮食，而家畜的粪便通过土壤又成为牧草的营养物质。因而在放牧过程中，牧草和家畜相互提供营养物质，对双方都有好处。但家畜的密度过大，排泄的粪尿过多，粪斑过大，有可能污染草地和浪费牧草。

2）草地的利用率：利用率是指合理采食牧草量占牧草总产量的百分数，也是草地被适当放牧利用的百分数，因此已成为一个计算草地载畜量的标准。它根据不同的情况有所变化，牧草的耐牧性强时，利用率稍高，否则较低；水土流失严重时利用率稍低；草层的品质不良、杂草多、适口性差时利用率低。根据采食率和利用率间的关系，可以判断放牧利用的轻重程度，即放牧强度。如果采食率＝利用率，则说明放牧适当；如果采食率<利用率，则说明放牧过轻；如果采食率>利用率，则说明放牧过重。实际放牧过程中，可根据放牧强度的轻重，适当加以调整。

3）适宜的放牧时期：牧场从适于放牧开始到适于放牧结束这一段时间叫牧场的放牧时期或放牧季。

（1）适宜于开始放牧的时期：放牧开始过早、过迟都不好，究竟何时最为适宜，这要考虑两种情况：一是土壤的水分不可过多；二是牧草需要有一段早春生长发育的时间，避开牧草的第一个"忌牧时期"（即早春牧草萌发后 20 天内）。

从土壤的情况看，水分含量高时，土壤的弹性小，不宜过早放牧，可以迟些进入牧场；而当土壤水分含量低时，土壤弹性大，可以较早进入牧场。也可以从直觉上进行判断，在人畜走过而不留脚

印时就可以进行放牧。

从牧草的生长情况看，开始放牧的适宜时期是：以禾本科为主的牧场，在禾本科牧草开始抽茎时；以豆科和杂类草为主的牧场，在牧草的侧枝发生时；以莎草科为主的牧场，在植株分蘖停止或叶片生长到成熟时。

（2）适宜于结束放牧的时期：停止放牧也不能过早或过迟。如果过早停牧，势必造成牧草的浪费；停牧过迟，则多年生牧草没有足够的时间来贮藏养分，不能给越冬和来年早春萌发提供充足的养料，严重影响第二年的产量。根据经验，在生长季结束前30天停止放牧较为适宜。

总之，放牧时期是家畜与放牧草地之间联系的重要形式。家畜的营养需要长年相对稳定，而牧草生长则有明显的季节性。即使在生长季内，牧草在每个放牧周期的产量也有很大差异。因此，放牧有时有余，有时不足。这就要求采用适当的方式来调整牧草生长和家畜需要之间的供求关系。在实际生产中，在放牧季开始以前和结束以后，要采用补饲措施，以减轻对牧场的压力和弥补因饲草缺乏而导致家畜体况下降的损失。

4）适当的放牧制度：放牧和农业生产上的耕作一样，它不是一种简单的生产活动，而是由一系列的放牧技术构成的饲养家畜的生产制度。放牧制度是草地在放牧家畜时的基本利用体系，包括家畜对草地的利用范围和利用时间的通盘安排。各种放牧制度都包含一系列的技术措施，依靠这些措施，家畜、草地和时间得以有机地联系起来。人们将当前的各种放牧形式归为两种放牧制度，即自由放牧和划区轮牧。

（1）自由放牧：也叫无系统放牧或无计划放牧。其特点是对放牧利用的大范围草地不做细致规划，放牧的地段和时间规定得不严格，牧工可以随意驱赶畜群在较大的范围内任意放牧。自由放牧制度一般包括连续放牧、季带放牧、抓膘放牧和就地宿营放牧等方式。

（2）划区轮牧：也叫有系统或有计划的放牧，就是把全年的草地划分为若干个季带，再在每一个季带内划分出若干轮牧区，使家畜按照一定的次序逐区采食，轮回放牧的一种制度。它一般包括小区轮牧、地段轮牧和营盘分段放牧。放牧地轮换和混合放牧是合理利用草地的有效措施，对草地和家畜进行合理组合和安排，目的是使划区轮牧的制度更加完善，效果更为显著。放牧地轮换是指划区轮牧中的小区或地段，每年利用的时间、利用方式和利用次数都按照一定的规定顺序变动，周期轮换，以保持和提高草地生产力的一种制度。

2. 放牧地的培育和建设 放牧地的培育方法和途径很多，而最根本的培育措施就是合理的放牧利用，使草地向好的方向发展，不致变坏。一般可以采取封育、改良和种草等方法。

1）封育：封育也叫封滩育草，就是在利用草地的过程中，有计划地安排一定的时间（主要是春季和秋季）不利用，以便让牧草休养生息，恢复生机，提高产量。封育的办法极为简单，效果也很好，一般封育一个生长季就可以使草产量提高 0.5~1 倍，封育 1~2 年则可以成倍地增产，尤其在水肥条件较好的退化草地上效果更佳。

2）改良：改良就是从草地原有的土壤和植被条件出发，在不彻底改变原有植被的情况下，通过补播、灌溉、施肥、清除有毒有害植物、焚烧、划破草皮等措施，达到建立半人工草地、提高牧草产量和质量的目的。

（1）补播：就是在牧草和土壤被破坏，缺乏优良牧草，尤其是缺乏优良豆科牧草的草地上，人工补种一些牧草的种子，改善牧草成分和提高草产量的措施。补播的种子应根据草地类型而选择，我

国温带森林草地应补播三叶草、紫花苜蓿、多年生黑麦草、羊草、猫尾草、鸡脚草、无芒雀麦、草地早熟禾等；干旱草地上可以补播杂花苜蓿、柠条、红豆草、沙打旺、甘草、冰草等；半荒漠草地上可以补播木犀状黄芪、沙打旺、扁穗冰草、沙生冰草、西伯利亚冰草等；荒漠草地上可以补播梭梭、沙拐枣、骆驼刺、沙蒿等；高山草地上可以补播紫花苜蓿、无芒披碱草、短芒披碱草、老芒麦、硬质早熟禾、扁秆早熟禾、中华羊茅、扁穗冰草等；南方热带、亚热带草地上可以补播矮柱花草、圭亚那柱花草、葛藤、胡枝子、白三叶、红三叶、牧地香豌豆、紫花苜蓿、狗牙根、结缕草、象草、鸡脚草、多年生黑麦草等。

为了使补播成功率高一些，补播的草地最好进行播前处理，如火烧、喷洒除草剂、浅耕、浅耙、灌溉等，播后再进行一次耙糖。补播的牧草种子除了进行一般的清选、去芒等措施，还应进行丸衣化处理。补播时期最好选择在雨季，以确保有较高的发芽率和成活率。

（2）灌溉：灌溉的方法主要有漫灌和喷灌。土地平整的草地可以通过犁沟漫灌，但漫灌用水量大且效果差。最好根据当地的气候、土壤和其他条件，在保证牧草高产、土壤不盐渍化和沼泽化的前提下，逐步总结出一套灌溉定额、灌水定额、灌水时间和灌水次数恰当的灌溉制度。一般来说，干旱地区每 666.7 平方米灌水 200～300 立方米为宜，荒漠区每 666.7 平方米灌水 300～400 立方米为宜。灌水时间除正常的冬灌和豆科牧草在分枝期、禾本科牧草在拔节期外，每次割草后应灌 1 次。如果每年只能灌 1 次水，则冬灌最好，春灌次之。灌溉后的草地，如果土壤非常潮湿，则严禁放牧。灌溉后牧草生长迅速，最好在割草后再进行放牧。

（3）施肥：这也是改良草地的最有效的措施之一。施肥可以使草地大幅度地增产，并且增产效果可以持续 4~5 年或更长。施肥除了提高牧草产量，还有如下优点：①促使牧草分蘖、分枝旺盛，叶丛繁茂，再生性强，并且可使牧草提前萌发，推后枯黄；②提高牧草中蛋白质和各种矿物质的含量；③提高牧草的适口性和消化率；④草地施用磷肥和钾肥可以增加豆科牧草的比重；⑤在肥料充足的情况下，可以降低牧草的蒸腾系数，并减少蒸发量，因而可以减少水分的消耗。

一块草地上需要施什么肥料应根据土壤分析而定，忌盲目施用，另外也要考虑科学用肥，注意肥料元素间的平衡，不要人为地造成某种元素的缺乏。

草地施肥有两个基本途径：一是直接施有机肥或化肥；二是利用豆科牧草的固氮作用给草地土壤固定氮素。

化肥的施用量有不同的标准。对于干旱草地，每年每 666.7 平方米氮肥的施入量为有效氮 4~6 千克，磷肥的施入量为有效磷 3~4 千克即可，钾肥以 3~4 千克较宜。湿润草地和森林草地因土壤水分条件较好，施肥量应比干旱草地上大些。

在草地上施用厩肥，其效果比化肥还要好，这是因为粪尿中氮、磷、钾等元素容易被牧草完全吸收。另外，厩肥能改善土壤的物理性状，减少土壤水分的蒸发。厩肥还能防治土壤盐碱化，增强土壤中微生物的活动，从而促进腐殖质和草皮中死根的分解。此外，厩肥分解时，能使接近地面的空气层中二氧化碳的浓度增加，有利于植物光合作用的进行。化肥和厩肥的施用以秋季为最好，或秋季施用磷、钾、石灰和厩肥，春季施用氮。

豆科牧草的固氮作用给草地土壤中增加氮素。众所周知，豆科牧草与其根上的根瘤菌组成了一个共生的生命系统，豆科植物供给根瘤菌能量和营养物质，根瘤菌则将空气中的氮固定下来供给植物

利用，每 666.7 平方米白三叶草地能固氮 10 千克，相当于 22 千克尿素。其他的豆科作物如紫花苜蓿、红豆草、红三叶、草木樨等都有这样的功能。许多高产草地所需的氮就靠豆科作物来供给，而不需要再施氮肥。

（4）清除有毒有害的植物：家畜采食这类植物时，易引起生理上的异常现象，损害家畜健康，降低畜产品的数量和质量，给畜牧业造成巨大的损失。因此，清除有毒有害植物是改良草原、保护家畜的一项重要措施。防止家畜中毒和清除有毒有害植物的基本方法是正确利用和管理草地。

在草地的利用上，实行放牧地轮换和割草轮换；草地的放牧和割草交替进行；毒草较多的地方推行延迟轮牧和轻牧；组织家畜进行混牧；放牧前对家畜进行补饲，提高饲养水平等。

在草地的管理上，应对放牧后剩余的毒草加以刈割，不让其开花结实。用除草剂清除毒草和杂草时，除草剂的用量按说明书规定的浓度使用，用药期最好在毒害杂草的营养前期，即出叶期或抽茎期。喷洒除草剂时，选择在气温 15℃以上，且干燥无风的日子进行。喷洒过除草剂的牧地，一般要经过 10~15 天才能放牧。

（5）焚烧：当草原上充斥着粗老的茎秆时，家畜就无法采食夹杂在其间的幼嫩的茎叶。适当焚烧后，可以将枯枝清除，促使嫩枝生长，便于家畜采食；也可以消灭一部分危害牧草的害虫及危害家畜的寄生虫；还可以消除草地上灌木杂树的生长。因此，有计划地焚烧对改良草原是必要的。

（6）划破草皮：天然的或人工种植的牧草在生长过程中，由于根、茎等地下部分在土壤中逐渐增多，就会在土壤的上部形成一层草皮。草皮中的根、茎纵横交织，富有弹性，耐践踏，可以保护土壤不被破坏。另外，草皮中含有大量未完全分解的有机质，能够蓄存大量水分供牧草利用。因此，适当厚度的草皮是必要的。但草根的不断积累，会使草皮变得过于紧密，土壤的透气性和透水性恶化，土壤中微生物的活动减弱；降水或灌水不易渗入而从草皮上流走，造成土壤干旱，可吸收营养物质减少，从而导致根系发育受阻；牧草稀疏，草产量降低，草质变差，草地因此退化成秃斑地或板结地。为了改变这种状况，需要用机具或人工进行翻土，划破草皮，恢复牧草的生长。划破草皮的方法是用草皮划破机，每隔50~60厘米划破1行，草皮划破面积占15%~20%。划破的裂隙大时，行距应宽些；裂隙小时，应窄一些。划破深度以草皮本身的深度为准，一般不小于10~15厘米，但不能过多地伤及牧草根系。因此，划破草皮的工作不应在牧草生长旺盛时期进行，而应在早春或晚秋进行。

3）种草：种草就是在已退化的天然或人工草地上进行彻底翻耕，然后播种合适的牧草，建立一年或多年生的人工草地。人工草地按照其经营管理特点可分为以下四类。

一是饲料轮作系统中的一年生牧草或多汁饲料地，以生产干草、青贮和块根块茎多汁饲料为主。

二是轮作草地中的短期草地，利用时间为3~4年，以生产供冬、春用的干草为主，茬地可以放牧。

三是以放牧为主，也配合割草，也叫永久性草地。

四是长期割草地，也叫永久割草地，以生产干草、青贮为主，也适当配合放牧。

牧草与饲料作物轮作：建立非永久性的人工草地要注意轮作制度，有计划地在一块草地上轮流种植各种牧草和饲料作物。实行饲料轮作，不仅能合理地利用和保养地力，防止和减少病虫及杂草的危害，提高牧草和饲料的产量及质量，更重要的一点就是可以使每年生产的牧草和饲料作物在种类和数量上大致平衡，保证家畜生产

稳定地进行。

牧草混播：建立人工草地，就要播种牧草，无论是永久性草地，还是轮作系统中的一年生或多年生草地，都以播种混合牧草为好。混合牧草就是把2~3种或4~5种生物学特性不同的禾本科和豆科牧草混合起来播种。牧草混播有以下优点。①可以充分利用地下的空间。禾本科牧草的根系集中在0~20厘米的土层中；而豆科的较深，集中在0~50厘米的土层中。②可以充分利用地上的空间和日光。禾本科牧草的叶片集中在下部，在0~30厘米的高度，禾本科牧草的叶片占总叶量的64%，而豆科的仅占23%。混播后就可以形成一个上下部都有大量叶片的均匀草层，从而充分地利用空间、日光和二氧化碳。③可以有效地利用土壤中的营养物质。禾本科牧草消耗的氮、磷较多，而豆科牧草能很好地利用土壤深处的钙、镁和氯，根上的根瘤菌还能为禾本科牧草提供氮素，减少肥料的施用量。④可以获得稳产高产。几种牧草混播，还能对不良环境有较强的抵抗力，在产量上有互补的作用。⑤可以互补营养。禾本科牧草中糖类含量高，豆科牧草中蛋白质和钙含量高，在营养上可以互补。

第六章
高效育羊的管理技术

第一节 育成羊的饲养管理　　　　　　　　〉〉〉

在我国，从断乳后到第一次配种的幼龄羊称为育成羊，多在 4~18 月龄。冬羔断奶后正值青草萌发，可以放牧青草，到了秋末体重较大，而早春羔断奶后，采食青草期不长，很快就进入枯草期，体重较小。在第一个越冬期，人们对育成羊重视不够，认为它们不配种，不怀羔，不泌乳，没负担，因此就放松了补饲，瘦弱死亡即由此而来。所以冬季必须注意补饲草料。除放牧外，每只每日补饲混合精料 200~250 克，其中种用小母羊 500 克，种用小公羊 600 克。

育成羊营养不足，表现为四肢高、体狭窄而浅、体重小、剪毛量低。对育成羊应按性别单独组群，安排较好的草场。在夏季抓好放牧，在冬、春季，注意适当补饲干草、青贮饲料、块根块茎饲料、食盐等。

第二节 种公羊的饲养管理 〉〉〉

种公羊是羊群纯种繁殖与杂交改良质量的重要保证。种公羊数量少、作用大，所以不论羊场或专业户，对种公羊的饲养管理都较母羊细致周到，这是十分合理和必要的。

一、饲养管理要点

种公羊饲养管理根据其生理特点，分为配种期和非配种期两个阶段。

1. 配种期 种公羊配种期饲养又可分为预备期及正式期两个阶段。

1）预备期：配种预备期应增加精料量，补给量为配种期的60%~70%，并逐渐增加到配种期的喂给量。

2）正式期：种公羊在配种期间消耗营养和体力最大，要求营养丰富全面，适口性强，容易消化，日粮必须含有丰富的蛋白质、维生素和矿物质。较理想的饲料主要有苜蓿、三叶草、燕麦、青燕麦等干草和糠麸、豌豆、高粱、胡萝卜、饲用甜菜以及食盐、骨粉等。

配种期每只每日投喂混合精料 1.2~1.4 千克，苜蓿干草或野干草 2 千克，胡萝卜 0.5~1.5 千克，食盐 10~15 克，骨粉 5 克，血粉或鱼粉 5 克，分 2~3 次给草料，饮水 3~4 次。精料的喂量应根据种羊的个体重、精液品质和体况酌情增减。如黑龙江省银浪种羊场，除放牧外，每只每日补饲精料 0.8~1.0 千克，牛奶 0.5~1.0 千克，鸡蛋 2~4 枚，骨粉 10 克，食盐 15 克；甘肃省天祝种羊场每只公羊每日采精 3~5 次，补饲豌豆 1.25 千克，胡萝卜 1.0~1.5 千克，燕麦干草自由采食，鸡蛋 2~3 枚，骨粉 5~8 克，食盐 15~20 克。

种公羊在配种前 1 个月开始采精，检查精液品质。开始采精时，1 周采精 1 次，以后逐渐增加，到配种时，每天采精 1~2 次，成年公羊每日采精可多达 3~4 次。多次采精者，两次采精间隔时间为 2 小时，使其有休息时间。配种期种公羊应加强运动，以保证种公羊能生产品质优良的精液。对于精液密度较低的公羊，可增加动物性蛋白质和胡萝卜的喂量。

2. 非配种期　种公羊在非配种期，除放牧外，冬季每只每日应补给精料 500 克，干草 3 千克，胡萝卜 0.5 千克，食盐 10~15 克，骨粉 5 克。春、夏季以放牧为主，每只每日另补混合精料 500 克，分 3~4 次投喂，饮水 1~2 次。

种公羊的饲养标准见表 6-1。

表6-1 种公羊的饲养标准（每次）

饲养期	体重（千克）	风干饲料（千克）	消化能（兆焦）	可消化粗蛋白（克）	钙（克）	磷（克）	食盐（克）	胡萝卜（毫克）
非配种期	70	1.8~2.1	16.7~20.5	110~140	5~6	2.5~3	10~15	15~20
	80	1.9~2.2	18.0~21.8	120~150	6~7	3~4	10~15	15~20
	90	2~2.4	19.2~23.0	130~160	7~8	4~5	10~15	15~20
	100	2.1~2.5	20.5~25.1	140~170	8~9	5~6	10~15	15~20
配种期①	70	2.2~2.6	23.0~27.2	190~240	9~10	7~7.5	15~20	20~30
	80	2.3~2.7	24.3~29.3	200~250	9~11	7.5~8	15~20	20~30
	90	2.4~2.8	25.9~31.0	210~260	10~12	8~9	15~20	20~30
	100	2.5~3	26.8~31.8	220~270	11~13	8.5~9.5	15~20	20~30
配种期②	70	2.4~2.8	25.9~31.0	260~370	13~14	9~10	15~20	30~40
	80	2.6~3	28.5~33.5	280~380	14~15	10~11	15~20	30~40
	90	2.7~3.1	29.7~34.7	290~390	15~16	11~12	15~20	30~40
	100	2.8~3.2	31.0~36.0	310~400	16~17	12~13	15~20	30~40

二、营养需要特点

种公羊的营养全年应维持在较高的水平。在非配种期应维持中等以上的膘情；在配种季节前后，应加强营养，保持健壮、活泼、精力充沛，使其性欲旺盛，配种能力强，精液品质好，充分发挥种公羊的作用。

种公羊精液中含有高质量的蛋白质。因此，种公羊的日粮中应有足量的优质蛋白质、脂肪、维生素A、维生素E，以及钙、磷等矿物质。

种公羊应有良好的种用体况，过肥多胖是由饲养不当和缺乏运动造成的，会引起公羊配种能力和精液品质降低。因此，在加强种公羊营养的同时，还应加强运动，控制采精次数，保证其具有良好

的体况和高质量的精液品质。

种公羊在秋、冬季性欲比较旺盛，精液品质好；春、夏季性欲减弱，天气炎热，影响采食量，精液品质下降。因此应根据其特点，加强饲养管理，保证种公羊在配种期恢复体况并完成配种任务。

第三节 母羊的饲养管理　　　　　　　　>>>

对于繁殖母羊，要求常年保持良好的饲养管理条件，以完成配种、妊娠、哺乳和提高生产性能等任务。繁殖母羊的饲养管理可分为空怀期、妊娠期、哺乳期三个阶段。其中妊娠前期因胎儿发育较慢，故需要的营养物质不如空怀期多。在青草期，依靠饲喂青草就可以满足；在枯草季节，放牧的羊只吃不饱时，应补喂干草或秸秆。妊娠后期是补饲的重点，这个时期胎儿生长迅速，初生重的90%是在这个时期增加的。这一阶段若营养不足，则羔羊初生重小，成活率低，母羊因膘情不好，分娩后泌乳量小，影响羔羊生长。

一、空怀期

由于各地产羔季节不同，产冬羔的母羊一般5~7月为空怀期；产春羔的母羊，一般8~10月为空怀期。空怀期的母羊主要是在羔羊断奶后，恢复体况，这期间牧草繁茂，营养丰富，抓好放牧，能很快复壮。一般经过两个月抓膘，可增重10~15千克，为配种做好准备。空怀母羊的饲养标准见表6-2。

表6-2 空杯母羊的饲养标准（每只每日）

月龄	体重（千克）	风干饲料（千克）	消化能（兆焦）	可消化粗蛋白（克）	钙（克）	磷（克）	食盐（克）	胡萝卜（毫克）
4~6	25~30	1.2	10.9~13.4	70~90	3.0~4.0	2.0~3.0	5~8	5~8
6~8	30~36	1.3	12.6~14.6	72~95	4.0~5.2	2.8~3.2	6~9	6~8
8~10	36~42	1.4	14.6~16.7	73~95	4.5~5.5	3.0~3.5	7~10	6~8
10~12	37~45	1.5	14.6~17.2	75~100	5.2~6.0	3.2~3.6	8~11	7~9
12~18	42~50	1.6	14.6~17.2	75~95	5.5~6.5	3.2~3.6	8~11	7~9

二、妊娠期

母羊妊娠期的饲养无论是对羔羊还是母羊来说都有重要的作用。饲养效果的好坏直接影响着母羊的繁殖力和生产力。

母羊妊娠期为5个月，通常把前3个月称为妊娠前期，后2个月称为妊娠后期。

1. 妊娠前期　妊娠前期胎儿发育较慢，增长的重量约占羔羊初生重的10%。在我国，母羊妊娠期间，草场的牧草为青草期，只要认真抓好妊娠母羊的放牧工作，就可以满足母羊的营养需要。在枯草季节，放牧吃不饱时，可补饲一些干草或秸秆。我国东北地区每只妊娠母羊每日补饲优质干草2千克或青贮饲料1千克。

2. 妊娠后期　母羊妊娠后期胎儿生长发育快，新增重量约占羔羊初生重的90%，对营养物质的需要量明显增加。据报道，妊娠后期，母羊和胎儿共增重7~8千克，能量代谢比空怀母羊提高15%~20%。在这个时期，加强妊娠母羊的饲养管理，对胎儿的生长、毛囊的形成、羔羊生后的发育以及生产性能的提高都有利。母羊妊娠

后期无论是冬产还是春产，均在枯草期，如果饲养管理差，又缺乏必要的补饲，将导致胎儿发育不良，母羊产后缺奶，羔羊成活率低。

我国东北地区，在放牧的条件下，对妊娠后期的细毛羊和半细毛羊每只每日补饲精料0.2~0.3千克，干草1.5~2.0千克。每天坚持放牧6小时以上，游走距离8千米以上。母羊临产前1周左右，不得远牧，以便能及时回到羊舍分娩，但不能把临近分娩的母羊整天关在羊舍内。在放牧时，应做到慢赶、不打、不惊吓、不跳沟、不走冰滑地、出入羊圈不拥挤。早晨空腹不饮冷水，饮水时应注意饮用清洁水，忌饮冰冻水，以防流产。妊娠母羊的饲养标准见表6-3。

表6-3　妊娠母羊的饲养标准（每只每日）

妊娠期	体重（千克）	风干饲料（千克）	消化能（兆焦）	可消化粗蛋白（克）	钙（克）	磷（克）	食盐（克）	胡萝卜（毫克）
前期	40	1.6	12.6~15.9	70~80	3.0~4.0	2.0~2.5	8~10	8~10
	50	1.8	14.2~17.6	75~90	3.2~4.5	2.5~3.0	8~10	8~10
	60	2.0	15.9~18.4	80~95	4.0~5.0	3.0~4.0	8~10	8~10
	70	2.2	16.7~19.2	85~100	4.5~5.5	3.8~4.5	8~10	8~10
后期	40	1.8	15.1~18.8	80~110	6.0~7.0	3.5~4.0	8~10	10~13
	50	2.0	18.4~21.3	90~120	7.0~8.0	4.0~4.5	8~10	10~12
	60	2.2	20.1~21.8	95~130	8.0~9.0	4.0~5.0	9~12	10~12
	70	2.4	21.8~23.4	100~140	8.5~9.5	4.5~5.5	9~12	10~12

三、哺乳期

哺乳期分为哺乳前期和哺乳后期。

1. **哺乳前期**　哺乳前期，羔羊的营养主要来自母乳，尤其是出生后 15~20 天内，母乳是羔羊唯一的营养来源。因此，应加强母羊的饲养，以提高产乳量，否则，母羊泌乳力下降，影响羔羊发育。同时，营养不良会造成母羊羊毛出现饥饿痕，影响羊毛品质。

2. 哺乳后期　哺乳后期，母羊泌乳力下降，羔羊前三胃发育基本完成，已初步具备消化粗纤维能力。这期间，羔羊营养物质的来源已不再完全依靠母乳。因此，哺乳后期，母羊除放牧采食外，可酌情补饲。

我国吉林省双辽种羊场，对哺乳母羊按单、双羔分别组群，产单羔母羊每只每日补精料 0.2 千克、青贮饲料 1.0~1.5 千克、豆科干草 0.5~1.0 千克、干草 2.0 千克、胡萝卜 0.2~0.5 千克，并喂给豆浆和饮用温水。对产双羔母羊每只每日补饲精料增加到 0.3~0.4 千克。新疆巩乃斯羊场，对哺乳母羊的补饲标准如下。

精料：双羔母羊在 2~3 月每只每日补喂 0.6 千克，4~5 月为 0.4 千克；单羔母羊在 2~3 月为 0.5 千克，4~5 月为 0.3 千克。

干草：双羔母羊为 1.0 千克（苜蓿干草）；单羔母羊为 1.0 千克（苜蓿干草、野干草各半）。

多汁饲料：单、双羔母羊各为 1.5 千克。

产羔 1~3 天内，如果母羊膘情好，则可不喂精料，只喂优质干草，以防消化不良或发生乳腺炎。哺乳母羊的饲养标准见表 6-4、表 6-5。

表6-4　单羔和保证羔羊日增重200~250克时哺乳母羊的

饲养标准（每只每日）

体重 （千克）	风干 饲料 （千克）	消化能 （兆焦）	可消化 粗蛋白 （克）	钙 （克）	磷 （克）	食盐 （克）	胡萝 卜素 （毫克）
40	2.0	18.0~23.4	100~150	7.0~8.0	4.0~5.0	10~12	6~8
50	2.2	19.2~24.7	110~190	7.5~8.5	4.5~5.5	12~15	8~10
60	2.4	23.4~25.9	120~200	8.0~9.0	4.6~5.6	13~15	8~12
70	2.6	24.3~27.2	120~200	8.5~9.5	4.8~5.8	13~15	9~15

表6-5　双羔和保证羔羊日增重300~400克时哺乳母羊的

饲养标准（每只每日）

体重 （千克）	风干 饲料 （千克）	消化能 （兆焦）	可消化 粗蛋白 （克）	钙 （克）	磷 （克）	食盐 （克）	胡萝 卜素 （毫克）
40	2.8	21.8~28.5	150~200	8.0~10.0	5.5~6.0	13~15	8~10
50	3.0	23.4~29.7	180~220	9.0~11.0	6.0~6.5	14~16	9~12
60	3.0	24.7~31.0	190~230	9.5~11.5	6.0~7.0	15~17	10~13
70	3.2	25.9~33.5	200~240	10.0~12.0	6.2~7.5	15~17	12~15

第四节　哺乳羔羊的饲养与护理　>>>

　　羔羊从初生至断奶称为哺乳羔羊。在这期间，影响羔羊成活率的主要因素是母乳充足与否、羔羊补饲是否做好、对母羊和羔羊是否精心细致管理。

羔羊从初生到断奶，大致可分为两个阶段。初生到 2 月龄的羔羊主要依靠母乳，但也有补饲。羔羊生长发育的好坏，关键是泌乳母羊的补饲。2~4 月龄为羔羊生长发育的第二阶段，这一阶段的重点是羔羊的补饲，虽然母乳仍占一定的比例，但泌乳量已减少。

羔羊出生后，应尽早吃到初乳。初乳中含有丰富的蛋白质（17%~23%）、脂肪（9%~16%）、矿物质等营养物质和抗体，对增强羔羊体质、抵抗疾病和排出胎粪具有重要作用。同平常母羊乳比较，初乳较浓，含有较多的矿物质，特别是镁（可促进胎便的排出，黏性很强的胎便若排不出就会造成羔羊的便秘）。羔羊吃不到初乳，就会降低其抵抗力，因为初乳含的抗体多。初生孤羔，应找保姆羊寄养，使其尽快吃到初乳。

国外研究母羊初乳的代用品，如羊的冷冻初乳、母牛初乳及其他口服代用品等，或者进行免疫血清注射，以增强机体抵抗力。初生体质较弱的羔羊需要人工辅助羔羊哺乳。母羊和羔羊共同生活 7 天后，才会建立起感情。羔羊 10 日龄就可以开始训练吃草料，这能刺激消化道器官发育和促进心肺功能健全。所以，应在圈内安装补饲栏，让羔羊自由采食。

分娩后，可让羔羊昼夜吃奶，不需要管羔羊吃奶的时间有多长。第一周内羔羊两次吃奶的间隔时间约为 1 小时或更短些；20 天以后，羔羊吃奶次数减少，时间亦短了。产后头两周的羔羊每吸 1 次乳可持续 10 分钟，对每个乳头可吸乳 5 次。每次吸乳的时间，日龄大的羔羊短，日龄小的长，夜间比白天吸乳时间短。

羔羊生后 3~7 天，母羊可外出放牧，但不能远牧，只能在羊舍附近放牧，以便中途回场喂羔羊。为此，产羔之前，应在羊舍附近保留产羔草场。为了便于辨认，可在母羊和羔羊体侧用打号液打上

同一号码。放牧回来，母羊和羔羊对号配上奶，羔羊长大后，会自己找母羊吃奶。少数对不上号的羔羊，也要设法让其吃上奶。

羔羊生后 1 周容易发生羔羊痢疾，如果不注意就可能造成死亡，应加强预防和治疗。

预防方法：可给妊娠母羊接种羔羊痢疾甲醛菌苗或给初生羔羊口服土霉素。

治疗方法：于羔羊病初肌注入复方黄连素注射液。

羔羊的补饲：生后半月龄的羔羊每只每日补饲精料 50 ~ 75 克，1 ~ 2 月龄 100 克，2 ~ 3 月龄 200 克，3 ~ 4 月龄 250 克，整个哺乳期（4 个月）需精料 10 ~ 15 千克。混合精料为碾碎的黑豆、豌豆、豆饼、玉米等，另加食盐、骨粉，放在饲槽内喂食。干草为苜蓿干草、青野干草、花生蔓、甘薯蔓等，干草最好切碎。饲喂时应先喂精料，后喂粗料，要按时按量喂。饮水要干净，让羔羊随时饮水，冬季要防止喝冰冻水，以免引起腹痛。羊舍要保持干燥、清洁、温暖，冬季要防范风的袭击，圈要勤垫勤出。

羔羊要及时断奶，以利于母羊体况的恢复，适时配种。断奶后，应把羔羊与母羊分开，尽量给羔羊保持原来的环境，按羔羊性别、强弱分别组群。对于母羊，少数母乳多的可挤掉一些，以防引起乳腺炎，并将母羊迁至其他圈饲养。

第七章
羊舍建筑与养羊设备

第一节 羊舍建筑基本要求 　　　　〉〉〉

一、建筑面积

羊舍面积大小，要根据羊的品种、数量、饲养方式和当地气候条件而定。面积过小，羊只过于拥挤，环境质量差，不利于羊只生长发育。各类羊的羊舍面积见表7-1。

表7-1　各类羊每只所需羊舍面积

羊别	面积（平方米）	羊别	面积（平方米）
种公羊（独栏）	4.0~6.0	育成公羊	0.7~0.9
群养公羊	1.5~2.0	育成母羊	0.7~0.8
春季产羔母羊	1.2~1.4	去势羔羊	0.6~0.8
冬季产羔母羊	1.6~2.0	育肥羯羊、淘汰羊	0.7~0.8

二、羊舍高度

羊舍高度要依据羊群大小及当地气候特点而定。羊只数量多可适当高些。双坡式羊舍净高（地面至天棚的高度）不低于2米。单坡式羊舍前墙高度不低于2.5米，后墙高度不低于1.8米。南方地区的羊舍应适当高些。

三、羊舍门、窗、地面

羊舍门、窗、地面的设置既要有利于舍内通风干燥，又要保证舍内有足够的光照，要使舍内硫化氢、氨气、二氧化碳等气体尽快排出，同时地面还要便于积粪出圈。

1. 门　一般门宽 2.5~3.0 米，高 1.8~2.0 米。按 200 只羊设一大门（设双扇门）。寒冷地区在保证采光和通风的前提下少设门，或在大门外设套门。

2. 窗　窗面积一般为地面面积的 1/4 左右，距地面 1.3 米，南窗大于北窗。

3. 地面　羊舍地面要高出舍外地面 20 厘米以上。地面有实地面和漏缝地面两种类型。

1）实地面：实地面又以建筑材料不同而分为夯实黏土地面、三合土（石灰：碎石：黏土为 1：2：4）地面、石地面与水泥地面、砖地面与木质地面等。

（1）黏土地面：易于去表换新，成本低，但易潮湿和不便于消毒，干燥地区可采用。

（2）三合土地面：比黏土地面好。

（3）石地面与水泥地面：不保温、太硬，但便于清扫与消毒。

（4）砖地面与木质地面：保暖，便于清扫与消毒，但成本较高。

饲料间、人工授精室、产羔室可用水泥或砖铺地面，以便于消毒。

2）漏缝地面：漏缝地面能给羊提供干燥的卧地，我国越来越多的地区采用漏缝地面。

国外典型漏缝地面羊舍，为封闭双坡式，跨度为 6.0 米，地面漏缝木条宽5厘米，厚2.5厘米，缝隙宽2.2厘米，双列食槽通道宽50厘米，对产羔母羊可提供相当适宜的环境条件。我国有的地区采用活动的漏缝木条地面，以便于清扫粪便。木条宽3.2厘米，厚3.6厘米，缝隙宽1.5厘米。在南方天气较热、潮湿的地区，采用吊楼式羊舍，羊舍高出地面1~2米，吊楼上为羊舍，下为承粪斜坡，后与粪池相接，地面为木条漏缝地面。这种羊舍的特点是离地面有一定高度，防潮，通风透气性好，结构简单。

四、运动场

羊舍必须设有运动场，面积为羊舍面积的2~2.5倍。呈"一"字排列的羊舍，运动场一般在羊舍的南面，在羊舍地面60厘米以下，向南缓缓倾斜，地面以沙质土壤为宜，便于排水和保持干燥。周围设围栏，围栏高2.0~2.5米。

第二节 羊舍地址的选择 〉〉〉

羊舍是养羊生产主要的外界条件之一。在建羊舍时，应根据不同类型羊的生物学特性以及当地具体的生态环境特点，予以综合考虑。

一、地势高燥

绵羊、山羊喜干燥、通风，羊舍应建在地势高燥、背风向阳、排水良好、通风干燥的地方。山区或丘陵地区可建在靠山向阳坡，但坡度不宜过大，南面应有广阔的运动场。低洼、潮湿的地方容易发生羊的腐蹄病，以及滋生各种微生物，诱发各种疾病，不利于羊的健康。

二、水源充足

在选择场址时，对水源的水量和水质都重视，才能保证羊只的健康和生产力的不断提高。水源应水量充足、无污染、水质良好。在舍饲条件下，应有自来水或井水，注意保护水源，保证供水。同时，不给羊群喝沼泽地和洼地的死水。

此外，选择的场址应交通方便，有一定的能源供给条件等。

第三节 羊舍类型 >>>

一、分类方法

1. **按羊舍屋顶的形式分** 羊舍可分为单坡式、双坡式、拱式、钟楼式、双折式等类型。

单坡式羊舍，跨度小，自然采光好，适用于小规模羊群和简易羊舍选用；双坡式羊舍，跨度大，保暖能力强，但自然采光、通风差，适合于寒冷地区采用，是最常用的一种类型。在寒冷地区，还可选用拱式、双折式、平屋顶等类型；在炎热地区，可选用吊楼式羊舍。

2. **按羊舍四周墙壁的通风情况分** 羊舍有密闭式、开放式、半开放式及棚舍等类型。

密闭式为四周墙壁完整，保温性能好，适合寒冷地区采用；开放式与半开放式为三面有墙，开放式一面无墙，半开放式一面有半截长墙，保温性能较差，但通风采光好，适合于温暖地区，是我国较普遍采用的类型；棚舍只有屋顶而没有墙壁，防太阳辐射强，适合于炎热地区。

目前的发展趋势是将羊舍建成组装式类型，即墙、门、窗可根据一年内气候的变化，进行拆卸和安装，组装成不同类型的羊舍。

3. 按羊舍长墙与端墙的排列形式分 羊舍有"一"字形、"厂"字形和"门"字形等。其中,"一"字形羊舍采光好、均匀,温差不大,经济实用,是较常用的一种类型。

此外,根据我国南方炎热、潮湿的气候特点,可修建吊楼式羊舍,在山区可利用山坡修建地下式羊舍和土窑洞羊舍等。

二、几种典型羊舍

1. 开放式和半开放式结合单坡式羊舍 这种羊舍由开放式羊舍和半开放式羊舍两部分组成(图7-1),羊舍排列成"厂"字形,羊可以在两种羊舍中自由活动。在半开放式羊舍中,可用活动围栏临时隔出或分隔出固定的母羊分娩栏。这种羊舍适合于炎热地区以及经济较落后的牧区。

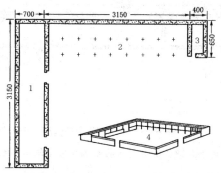

图7-1 开放式和半开放式结合单坡式羊舍 (单位:厘米)

1. 半开放式羊舍 2. 开放式羊舍 3. 工作室 4. 运动场

2. 半开放双坡式羊舍 这种羊舍(图7-2),既可排列成"厂"字形,也可排列成"一"字形,但长度延长,适合于比较温暖的地区以及半农半牧区。

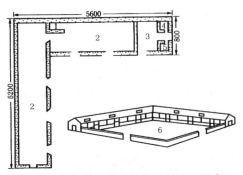

图 7-2　半开放双坡式羊舍（单位：厘米）

1. 人工授精室　2. 羊舍　3. 产房　4. 值班室　5. 饲料间　6. 运动场

3. 封闭双坡式羊舍　这种类型的羊舍（图 7-3），四周墙壁封闭严密，屋顶为双坡，跨度大，排列成"一"字形，保温性能好。

这种羊舍适合寒冷地区，可作为冬季产羔舍。其长度可根据羊的数量适当加以延长或缩短。

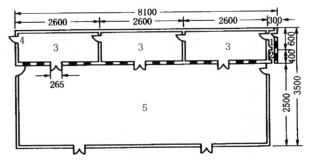

图 7-3　封闭双坡式羊舍（可容纳 600 只母羊）（单位：厘米）

1. 值班室　2. 饲料间　3. 羊圈　4. 通气管　5. 运动场

4. 吊楼式羊舍　这种羊舍高出地面 1～2 米，安装吊楼，上为羊舍，下为承粪斜坡，后与粪池相连。地面为漏缝木条地面。双坡式屋顶用小青瓦或草覆盖。后墙与端墙为片石，前墙柱与柱之间为木栅栏（图 7-4）。这种羊舍的特点是，离地面有一定高度，防潮，通风透气性好，结构简单，适合于南方炎热、潮湿的地区。

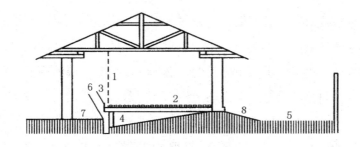

图 7-4 吊楼式羊舍

1. 羊栏　2. 漏缝地板　3. 饲槽　4. 承类斜坡　5. 运动场

6. 粪尿沟　7. 饲喂通道　8. 羊出入走道

5. 漏缝地面羊舍　国外典型的漏缝地面羊舍,为封闭双坡式。跨度为 6.0 米,地面漏缝木条宽 5 厘米,厚 2.5 厘米,缝隙宽 2.2 厘米,双列食槽通道宽 50 厘米,对产羔母羊可提供相当适宜的环境条件(图 7-5)。

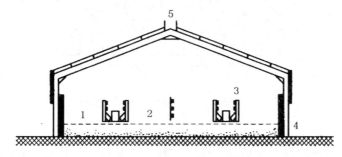

图 7-5 漏缝地面羊舍

1. 羊栏　2. 漏缝地板　3. 饲槽通道　4. 空气进气口　5. 屋顶排气口

6. 塑料棚舍　近年来,在我国北方冬季推广塑料暖棚养羊。这种羊舍,一般是利用农村现有的简易敞圈及简易开放式羊舍的运动场,用材料制作好骨架,扣上密闭的塑料膜而成。骨架材料因地制宜选材,如竹竿、竹片、钢材、铁丝等均可,塑料薄膜通常为厚 0.2~0.5 毫米、白色透明、透光好、强度大的膜。棚顶类型分为单

坡式单层或双层膜棚、拱式或弧式单层或双层膜棚，且以单坡式单层膜棚结构最简单、经济实用。扣棚时，塑料薄膜要铺平，拉紧，中间固定，边缘压实，扣棚角度一般为 35°~45°。墙的高度以羊无法破坏塑料薄膜为宜。在端墙上设门和进气孔。门的大小适宜，出入方便即可。在塑料棚较高的位置上设排气窗，其面积按圈舍或运动场面积的 0.5%~0.6% 计算，东西方向每隔 8~10 米设 1 个排气窗（2 米×0.3 米），开闭方便。棚舍坐北朝南。这种暖棚，保温、采光好，经济实用，适合于寒冷地区或冬季采用。中国农业工程研究设计院研制成功 XP-Y101 型塑料棚羊舍，并投入小批量生产。此种羊舍采用热镀锌薄壁钢管骨架和长寿塑料薄膜及压膜槽结构，可用于母羊冬季产羔、肥育肉羊，闲置期可用来种蔬菜。该院还成功研制出一种 GP-D725-2H 型新型塑料综合型棚舍，如图 7-6 所示。

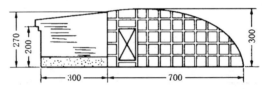

图 7-6　塑料综合型棚舍（单位：厘米）

这种塑料综合型棚舍，前部塑料棚主要用于种蔬菜，后部砖砌圈舍养羊。蔬菜利用羊呼出的二氧化碳进行光合作用，光合作用产生的氧气供羊用，热源取自太阳能和生物自体散热。这是一种在高寒地区塑料棚舍中，不用或少用常规能源的新尝试，适合在高寒地区推广，可同时解决高寒地区羊越冬和蔬菜问题。

第四节 主要养羊设备 >>>

一、草料架

草料架的形式多种多样，有专供喂粗料用的草架，有供喂粗料和精料两用的联合草料架，有专供喂精料用的料槽。添设草料架总的要求是不使羊只采食时相互干扰，不使羊脚踏入草料架内，不使架内草料落在羊身上而影响羊毛质量。图 7-7 为活动草架。

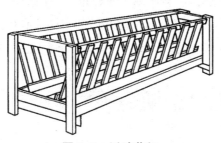

图 7-7 活动草架

二、活动围栏

活动围栏可供随时分隔羊群之用。在产羔时，也可以用活动围栏临时分隔出母仔小圈、中圈等。通常有重叠围栏、折叠围栏（图

7-8）和三脚架围栏等类型。

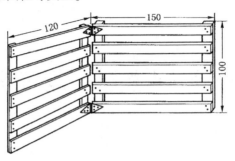

图7-8　折叠围栏（单位：厘米）

三、分羊栏

　　分羊栏用于给羊分群、鉴定、防疫、驱虫、称重、打号等生产技术性活动。分羊栏由许多栅板联结而成。羊群的入口处为喇叭形，中部为一条小通道，可容许绵羊单行前进。沿通道一侧或两侧，可根据需要设置3~4个可以向两边开门的小圈，利用这一设备，就可以把羊群分成所需要的若干小群。

四、盐槽

　　给羊群供给食盐和其他矿物质时，如果不在室内或不混在饲料内饲喂，为防止在舍外被雨淋潮，可设一个有顶盐槽，供羊随时舔食。

五、药浴设备

　　1. 大型药浴池　大型药浴池可供大型羊场或羊较集中的乡村药

浴用。药浴池可用水泥、砖、石等材料砌成长方形，类似狭长的深水沟（图7-9、图7-10）。药浴池长10~12米，池顶宽60~80厘米，池底宽40~60厘米，以羊能通过不能转身为准，深1.0~1.2米。入口处设漏斗形围栏，使羊依顺序进入药浴池。浴池入口呈陡坡，羊走入时可迅速滑入池中，出口有一定倾斜坡度，斜坡上有小台阶或横木条，其作用一是不使羊滑倒；二是使羊在斜坡上停留一段时间，其身上余存的药液能流回浴池。

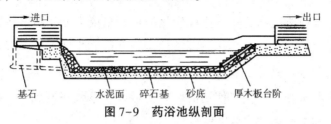

图7-9　药浴池纵剖面

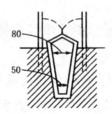

图7-10　药浴池横剖面（单位：厘米）

2. 小型药浴设备　饲养量少的养羊户，可视羊只数量设计小型药浴池。小型药浴池可浴30~40只羊，药液量为1400升左右，可同时供两只成年羊一起药浴。也可用浴桶、浴缸给羊只进行药浴。

第五节 养羊业机械化 >>>

养羊业机械化是养羊业现代化的重要组成部分。用机械装备改善养羊业生产过程中各作业环节的生产手段和生产条件，以期大幅度提高劳动生产率，保证养羊业生产的稳定、优质、高产和高效。目前，我国养羊业生产使用的主要机械有牧草收获机械、饲料加工机械、剪毛机械和药淋机械等。

一、牧草收获机械

在我国畜牧业机械中，牧草收获机械是研究较多、推广较早、使用较广的机械。我国草原辽阔，草地类型繁多，应根据草地类型、经济条件等，选用不同规格的机械配套使用。

1. 畜力收获机械系统 本系统由畜力割草机（9G-1.4 型或9GX-1.4 型）、畜力搂草机（9L-2.1 型）、畜力集草器、畜力运输车和畜力垛草机（9DC-5 型）等组成。

9G-1.4 型割草机是应用最广的割草机，特点是 1 人 2 马操作，割幅为 1.37 米，每机每小时可割 0.5 公顷，留茬高度为 5.3 厘米，该机适应性强，在地势起伏的草地上也能收割。9GX-1.4 型割草机为双辕杆割草机，3 马牵引，其他指标和性能与 9G-1.4 型相同。

9L-2.1 型搂草机是牧区使用最多的畜力搂草机，1 人 1 马操作，搂幅为 2.1 米，每小时可搂 0.91~1.13 公顷。

畜力集草器为木质结构，2 人 2 马操作，工作幅为 2.4 米，每次集草 80~100 千克，多则 160 千克。

畜力收获机械系统比较经济，但在牧区劳动力较紧张的情况下，难以保证牧草在最佳收获期收获，使得作业时间拖长而影响牧草质量。

2. 传统式收获机械系统　本系统由 9GJ-2.1 型牵引式割草机、9L-6 型横向搂草机、9JC-3.0 型悬挂式集草器和 9D-0.3 型推举垛草机组成。

9GJ-2.1 型牵引式割草机，割幅为 2.1 米。3.7 千瓦（5 马力）小四轮或手扶拖拉机均可牵引，1 辆东方红-28 型拖拉机可同时牵引 3 台；铁牛 55 型拖拉机可同时牵引 5 台，工作效率高。

9L-6 型横向搂草机，搂幅为 6.0 米，适用于低产天然草场。

9JC-3.0 型悬挂式集草器为前置式，幅宽 3.0 米，前进速度为 8.68 千米/时，与东方红-28 型拖拉机配套，结构简单，成本低。

9D-0.3 型推举垛草机为液压推举式，尚需改进。

传统收获机械系统适用于天然草场，动力选配方便，适应范围广，作业效率高，虽然垛草环节缺乏适宜的机具，但仍是我国目前生产中广泛使用的机械系统。

3. 小方草捆收获机械系统　本系统由割草机、侧向搂草机（9LG-2.8 型或 9LZ-4.8 型）、捡拾压捆机（9KJ-142A 型或 9KJ-147 型）、草捆装载机（9JK-2.7 型）及运输车辆组成。

割草机：对割草机无特殊要求。一般在天然草场上，用往复式较为适宜，如 9GJ-2.1 型、9GHX-2.8 型或 9GS-6 型等；在人工草场上，一般使用旋转式，如 9GZX-1.7 型、9GX-1.65 型等。除 9GZX-1.7 型与铁牛 55 型拖拉机配套外，其余均可与东方红-28 型

拖拉机配套。

侧向搂草机：9LG-2.8型为斜角滚筒式，用东方红-28型拖拉机牵引，可单台挂接，搂幅为2.8米，亦可双台挂接。9LZ-4.8型为指轮式，用东方红-28型拖拉机后悬挂作业，双列搂幅为4.8米。但在天然草场上，一般侧向搂草机很难适应捡拾压捆机生产效率的要求，可用横向搂草机配套。

捡拾压捆机是本系统的核心机具。9KJ-142A型，可与37千瓦（50马力）的拖拉机配套。草捆密度为100~180千克/米，每小时可完成300~350个草捆，成捆率为98%。9KJ-147型，与14.7~18.4千瓦的拖拉机配套，草捆密度为180千克/米，成捆率为98%。

小方草捆收获机械系统，在我国使用已有20多年的历史，由于机具质量及操作者的技术等原因，目前推广量不大，但便于运输和减少运输费用。随着今后牧区经济、技术水平的提高，它将具有广阔的运用前景。

4. 大圆草捆收获机械系统　本系统由割草机、搂草机、大圆捆机（9JY-1800型、9YY-1600型）和大圆捆装载车（7KY-4型）等组成。

割草机、搂草机与小方草捆收获机械系统相同。

大圆捆机是本系统的核心。我国定型的有两种，即9JY-1800型和9YY-1600型。前者为短皮带式，后者为滚子式，其工作原理都是外缠绕式。配套动力均为40千瓦（55马力）的拖拉机，工作速度为5千米/时。

7KY-4型大圆捆装载车为专用车，由20.6千瓦以上的拖拉机牵引，载重量约为2吨。

大圆草捆外紧内松，既有较好的防雨性能，又有较好的透气性，可在露天贮存，继续阴干。因此，可在牧草湿度较大（259/6）时使用大圆草捆收获机械系统。而且它比小方草捆收获机械系统结构简单，使用技术水平要求较低，经济性能好。

二、饲料加工机械

饲料加工机械主要包括切碎、粉碎、混合和制粒等机械。

1. 铡草机和青贮料切碎机　目前，我国生产的铡草机和青贮料切碎机主要有两种类型，即滚筒式和圆盘式，用于切碎秸秆和青饲料。

滚筒式铡草机，主要工作部件由上下喂入辊、固定刀和切割滚筒等组成。工作时，上下喂入辊以相对方向转动，把夹在两辊之间的草料向里喂入，草料受到动力刀片和支承刀片的切割作用而被切成碎段。喂入速度快则碎段长，反之则碎段短。小型铡草机多为滚筒式，我国生产有十余种。滚筒式铡草机的优点是由于滚筒轴和喂入辊相互平行，传动机构比较简单，整机结构也比较紧凑。

圆盘式（又称轮刀）铡草机，主要工作部件由喂入、切碎、抛送和传动机构组成。工作时，喂入链和上下喂入辊把饲草不断向里喂入，送到切割部分，饲草被转动刀片和支承刀片切成碎段。切下的碎段最后被风扇叶片抛送出去，抛送的高度可以达到10米以上。大中型铡草机一般为圆盘式，青贮料切碎机多为圆盘式，我国生产也有十余种。目前，ZC-6.0型铡草机在农区和牧区都得到广泛的应用。

2. 饲料粉碎机　饲料粉碎机的用途很广，可以用来粉碎各种粗、精饲料，使其达到一定的粗、细度。目前，国内常用的粉碎机主要有锤片式和爪式两种类型。

锤片式饲料粉碎机，由四组铰接悬挂在转子的锤片、筛片和风机等组成，由于结构简单、适用性广、使用和维修方便，获得了广泛应用。按喂料的方向，又可分为切向喂入式和轴向喂入式两种。

前者喂料口大，特别适合粉碎体积大、容量小的饲料，饲料按转子转动方向切向喂入后，被锤片直接打碎，粉料通过筛孔经风机排入集粉装置。后者的特点是在转子上带有两把切刀，适合粉碎茎秆粗的饲料，饲料按转子转动方向轴向喂入后，首先被切刀切成两段，再被锤片打击粉碎，粉料通过筛孔排入集粉装置。有的粉碎机如FS-444型，专门配备了滚筒式切碎装置，达到先切碎的目的。

爪式饲料粉碎机，由带圆齿的动盘和带扁齿的定盘构成。饲料由料斗喂入后，被动盘和定盘上的齿爪打击粉碎成粉，再由卸料口排出。它适合粉碎谷粒饲料，成品较细。

3. 饲料混合机　又称饲料搅拌机，其作用是将各种饲料混合均匀。常用的饲料混合机分为立式和卧式两种，按工作连续性可分为间歇式和连续式。目前，我国各地生产的饲料搅拌机大多是卧式双搅龙间歇式，其主要部件由滚筒和安装在同一轴上的内、外搅龙组成，若外搅龙的螺旋是右旋方向，则内搅龙的螺旋是左旋方向，二者正好反向。这种搅拌机的优点是混合均匀，生产量大，一般每次生产500千克，每次混合10分钟，配套动力为4.7~7.5千瓦。

4. 颗粒饲料机　颗粒饲料机的作用是将搅拌均匀后的饲料压制为成形的颗粒状饲料。颗粒饲料分为硬、软颗粒或膨化颗粒。颗粒饲料机主要有环模式和平模式两种。目前，我国对这两种颗粒饲料机均有定型的小批量生产。

环模式颗粒机，应用最多的是卧轴环模式。干粉料进入无级变速螺旋给料器，落入搅拌器，在搅拌过程中加糖蜜、水或蒸汽混合，供给压粒室压料。环模由电动机驱动，安装于环模内的压辊（2~4个）与转动着的压模摩擦而自转。投入压力室的原料被撒料器均匀分到压辊之间，被带入压辊与压模之间，通过压模孔连续按顺序挤压形成，形成的柱状饲料随着压模回转，再被固定在压模外面的切刀切成颗粒饲料。压模选用新材料硼贝氏体球铁，与国外用的不锈钢压模相比，性能大大提高。

平模式颗粒机，我国定型生产的有 PYL-45 型和 DLY-17 型。粉料经料斗到给料搅笼，再到搅拌器，同时加入蒸汽或水，充分混合后进入压粒系统。位于压粒系统上部的旋转分料器，均匀地把粉料撒布于固定压模表面，然后四只旋转的压辊将粉料挤入压辊与平模之间，粉料经模孔压出的棒状饲料，再被与主轴同步旋转的切刀切断成所要求的长度，最后通过出料圆盘以切线方向排出机外。这种颗粒机的特点是平模固定，粉料不会自由地向外端移动，有强制性的碾压作用，能压出较好的颗粒。

5. 草饼机　草饼机的主要作用是将干草制成直径3~8厘米的干草饼。美国近年来将牧草直接在田间制成干草饼，利用自走捡拾压块机将晒干的牧草（含水量15%）捡起、切碎、加湿，再利用高压通过模孔使其成为草饼。

三、剪毛机械

绵羊剪毛机类型很多，按其动力可分为机械式、电动式和气动式三种。

1. 机械式剪毛机　这种类型的剪毛机是由汽油机或柴油机输出动力，通过传动装置带动一定数量的剪毛机进行剪毛作业。我国生产的 9MJ-4R 型机动剪毛机组，由主机架、传动支架、传动箱、磨刀盘、软轴、4 把剪毛机及柴油机等组成，由柴油机发出动力，经三角皮带、传动箱和软轴，最后传递给剪毛机带动刀片进行剪毛作业，传动支架向左右两边展开，以便支持左右传动箱，使剪毛作业场地增大，4 把剪毛机同时操作，互不影响，达到安全生产的目的。这套剪毛机组具有结构简单、操作方便、重量轻、成本低等特点，适合于山区以及交通不便、缺少电源的牧区。

2. 电动式剪毛机　这种类型的剪毛机组由动力机、发电机和一定数量的剪毛机组成。电动式剪毛机可分为软轴式和柄内驱动式两种。

1）软轴式电动剪毛机：我国生产的软轴式电动剪毛机类型较多，广泛使用有的9MD-4R型和9MDS-20型。

9MD-4R型软轴式电动剪毛机组以2千瓦的发电机、汽油机为配套动力，由4套电动机（0.121千瓦）、软轴、剪毛机以及磨刀机等组成。汽油机经皮带传动而带动发电机，电力进入配电盘，由其经电网输入电动机，然后通过软轴带动剪毛机工作。这种剪毛机适用于没有固定电源的农村牧区。9MDS-20型软轴式电动剪毛机组，由1台8.82千瓦（12马力）的手扶拖拉机、5.0千瓦的自励式同步发电机、连接器、传动装置、配电盘、20套电动机（0.125千瓦）、软轴、20把剪头以及1台双圆盘式磨刀机和10个支架等组成，适合于绵羊在1万只以上的地区。

2）柄内驱动式剪毛机：这种剪毛机的电动机安装在手柄内。根据电动机在手柄中的位置可分为纵向配置式和垂直配置式两种，以纵向配置式最为常见。国外生产的柄内驱动式剪毛机有两种：一种是高中频低压（400赫、30伏和200赫、36伏）微型电机；另一种是低频中压（50赫、200伏）交直流两用电机。瑞士森比姆和比利时的爱斯兰库剪毛机属于低频中压式手柄电动机组，苏式9CA-12/200型和9CA-6/200型属于高频低压式手柄电动机组，分别有12个和6个剪头以及相应的变频设备和磨刀设备。我国研制的9MZZ-16中频直动式剪毛机组由STF-6双频发电机组、16把9MZ-76中频剪毛机组成，它与电动软轴式剪毛机组相比较，具有结构紧凑、重量轻、握把温升低、噪声小、功耗低、使用方便、安全可靠和投资少的优点，已被广泛使用。

3. 气动式剪毛机　近年来，澳大利亚、新西兰、瑞士、英国等生产出较为先进的气动式剪毛机组。该剪毛机组由空气压缩机、空气调节器、润滑部件、软管和剪毛机组成。空气压缩机排出的压缩空气，经过调节器和润滑部件，使压缩空气与润滑油混合，然后导入手柄中的两个圆筒形的气动马达，使气动马达转动，从而带动活动片工作，转速为 4200 转/分，机重 1.3 千克。气动式剪毛机具有温升低、噪声和振动小、润滑好、工作安全、使用灵活等优点。

四、药淋机械

我国近年来成功研制出多种药淋装备，通过机械对绵羊和山羊进行药淋，可加快药淋的速度，减少羊只伤亡，降低劳动强度，提高工作效率。

1. 9AL-8 型药淋装置 该药淋装置由机械和建筑两部分组成。机械部分包括上淋管道、下喷管道、喷头、过滤筛、搅拌器、螺旋式阀门、水泵和柴油机（或电动机）等（图 7-11）；地面建筑包括淋场、待淋场、滴液栏、药液池和过滤系统等，可回收药液、过滤后循环使用。工作时，用 295 型柴油机或电动机带动水泵，将药液池内的药液送至上、下管道，经喷头对羊进行喷淋。上淋管道末端设有 6 个喷头，利用水流的反作用，可使上淋架均匀旋转。圆形淋场的直径为 8 米，可同时容纳 250~300 只羊淋药。

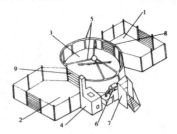

图 7-11 淋浴式药淋装置示意图

1. 未浴羊栏 2. 已浴羊栏 3. 药浴淋场 4. 炉灶及加热水箱

5. 喷头 6. 离心式水泵 7. 控制台 8. 药浴淋场入口 9. 药浴淋场出口

2. 流动药浴车 广大牧区实行生产承包责任制后，每户饲养的羊群变小。因此，在防疫上多用小型流动药浴装置。目前，推广应用的主要型号有 9A-21 型新长征 1 号牛羊药浴车、9LYY-15 型移动式羊药淋机、9AL-2 型流动式小型药淋机以及 9YY-16 型移动式羊只药浴车等。9AL-2 型流动式小型药淋机，每 15～30 分钟可淋羊 200～250 只，很受牧民的欢迎。

国外的药淋装置主要有两种类型：一是喷淋型，在澳大利亚普遍使用，主要型号有 SSD-30 型和 60 型，每次分别喷淋 30 只和 60 只羊，淋池采用波纹板围成圆形，以上淋、下喷的形式进行药淋，可流动使用；二是浴池浸浴式，独联体国家多采用，有 NIKy 型、KJIy 型和 OKB 型等，均采用机械操作，OKB 型药浴装置由运羊车、沉降羊台、混合器、平衡装置、泵站、供热系统、滤水池等组成，每次药浴 20～30 只羊。独联体国家还成功研制出"强化"药浴，药液在很短时间内透过羊毛层，大大节约了药浴时间，提高了药浴效果。澳大利亚正在试验一项利用气流来载运雾状杀虫剂的新技术，其特点是杀虫剂利用效率高，只需要传统药淋量的 1/3；药液能充分均匀地渗入内部，效果好；并且需水量少，特别适合于缺水的地区。

第八章
羊的常见疾病与防治

第一节 传染病 　　　　　　　　　 >>>

由病原微生物引起的具有一定的潜伏期和临床症状，并可传染其他家畜的疫病称为传染病。这是危害肉羊生产最严重的一类疾病，不仅会造成大批羊死亡和羊产品的损失，而且某些人畜共患的传染病还可能给人类健康带来威胁。

预防和控制传染病，应坚持计划免疫接种、强化兽医卫生监督和严格定期检疫。发生传染病时，应将疫情立即上报相关部门，并按照"早、快、严、小"的原则，迅速拔除疫点，尽快扑灭疫情。

一、炭疽

炭疽又称血脾胀，是人畜共患的急性、热性、败血性传染病。本病多呈最急性型，发病突然，有眩晕、可视黏膜发绀、天然孔出血等表现。

1. 病原　病原为炭疽杆菌。本菌在形态上具有明显的双重性，在病料内，常单个散在，或几个菌体相连，呈短链条排列。菌体有荚膜，整个菌体宛如竹节状，但不形成芽孢；在人工培养物内或自然界中，菌体呈长链状排列，两菌接触端为刀切状，在适宜条件下可形成芽孢，位于菌体中央。芽孢具有很强的抵抗力，在干燥环境中能存活 10 年以上，临床上常用 20%漂白粉、0.5%过氧乙酸和 1%氢氧化钠作为消毒剂。

2. 流行特点　各种家畜及人对该病都有易感性，羊的易感性高。病羊是主要传染源，濒死病羊体内及其排泄物中常有大量菌体，若尸体处理不当，炭疽杆菌就容易形成芽孢并污染土壤、水、牧地，使其成为长久的疫源地。羊吃了被污染的饲料或饮水而感染，也可经呼吸道和吸血昆虫叮咬而感染。本病多发于夏季，呈散发性或地方流行性。

3. 临床症状　炭疽多为最急性，发病突然，患羊昏迷，眩晕，摇摆，倒地，呼吸困难，结膜发绀，全身战栗，磨牙、口、鼻流出血色泡沫，肛门、阴门流出血液且不易凝固，数分钟即可死亡。在病情缓和时，羊兴奋不安，行走摇摆，呼吸加快，心跳加速，黏膜发绀，后期全身痉挛，天然孔出血，数分钟至数小时即可死亡。

4. 病理变化　尸体迅速腐败而极度膨胀，天然孔流血，血液呈酱油色煤焦油样，凝固不良，可视黏膜发绀或有点状出血，尸僵不全，脾脏明显肿大，皮下和浆膜下结缔组织呈现出血性胶样浸润。

5. 诊断

1）现场诊断：依据临床症状和病理变化可做出初步诊断。

2）实验室诊断：可疑炭疽的病羊禁止剖检，病羊生前采取静脉血液（耳静脉），死羊可从末梢血管采血涂片。必要时可做局部解剖，采取小块脾脏，然后将切口用 0.2%升汞或 5%苯酚浸透的棉花或纱布塞好。涂片用瑞氏液或亚甲蓝液染色，显微镜下观察发现带有荚膜的单个、成双或短链的粗大杆菌即可确诊。有条件时可进行细菌分离和阿斯科利（Aseoli）氏环状沉淀试验。

3）类症鉴别：羊炭疽和羊快疫、羊肠毒血症、羊猝狙、羊黑疫在临床症状上相似，都是突然发病、病程短促、很快死亡，应注意鉴别诊断。其中羊快疫用病羊肝被膜触片，亚甲蓝染色，镜检可发现无关节长链状的腐败梭菌。羊肠毒血症在病羊肾脏等实质器官内可见 D 型魏氏梭菌，在肠内容物中能检出魏氏梭菌 ε 毒素。羊猝狙用病羊体腔渗出液和脾脏抹片，可见 C 型魏氏梭菌，从小肠内容物中能检出魏氏梭菌 p 毒素。羊黑疫用羊肝坏死灶涂片，可见两端钝圆、粗大的 B 型诺维氏梭菌。

6. 防治

1）预防：对常发生炭疽及受威胁地区的羊，每年用无毒炭疽芽孢苗（仅用于绵羊）皮下接种 0.5 毫升，或第二号炭疽芽孢苗（绵羊、山羊均可）皮下接种 1 毫升。

当有炭疽发生时，及时隔离病羊，对污染的羊舍、地面及用具要立即用 10%烧碱或 20%漂白粉溶液喷洒消毒，每隔 1 小时 1 次，连续 3 次。对同群的未发病羊，使用青霉素连续注射 3 天，有预防作用。

2）治疗：病羊呈最急性经过，往往来不及治疗就死亡了。病程稍缓的羊，必须在严格隔离的条件下进行治疗。初期可使用抗炭疽血清，每只每次 40~80 毫升，静脉或皮下注射。第一次注射剂量应适当加大，经 12 小时后再注射 1 次。炭疽杆菌对青霉素、土霉素敏感，剂量按每千克体重 1.5 万单位，每隔 8 小时肌注 1 次。实践证明，抗炭疽血清与青霉素合用效果更好。

二、口蹄疫

口蹄疫又称"口疮""蹄癀"，是由口蹄疫病毒引起的偶蹄兽的一种急性、热性、高度接触性传染病。本病传染性极强，不仅直接造成巨大的经济损失，而且影响经济贸易活动，对养殖业危害严重。

1. 病原　病原为口蹄疫病毒。本病毒具有多型性，目前所知的有 7 个主型，即 A 型、O 型、C 型、SAT（南非）Ⅰ型、SAT（南非）Ⅱ型、SAT（南非）Ⅲ型及 Asia（亚洲）工型，其中 O 型较常见。

同一血清型内又有若干个不同的亚型，各血清型之间几乎没有交叉免疫性，同一血清型内各亚型之间仅有部分交叉免疫性。

本病毒主要存在于患病动物的水疱皮以及淋巴液中。发热期，病畜的血液中病毒的含量高；退热后，在乳汁、口涎、泪液、粪便、尿液等分泌物和排泄物中都含有一定量的病毒。

本病毒对外界环境抵抗力强，自然情况下，含毒组织和被污染的饲料、牧草、皮毛及土壤等可保持传染性达数日、数周甚至数月之久。

本病毒对阳光、高温、酸、碱均很敏感。常用的消毒剂有 2% 氢氧化钠溶液、20%～30% 草木灰水、1%～2% 甲醛溶液、0.2%～0.5% 过氧乙酸、4% 碳酸钠溶液等。

2. 流行特点　牛对本病最易感，绵羊、山羊次之，各种偶蹄兽及人也具有易感性。

病畜是主要传染源，病毒以直接或间接的接触方式传播，主要

经消化道感染，也可经黏膜和皮肤感染。

本病传染性很强，一旦发生往往呈流行性，新疫区发病率可达100%，老疫区发病率在50%以上。此外，本病的流行常呈现一定的季节性，如在牧区多为秋末开始，冬季加剧，春季减轻，夏季平息。

3. 临床症状　患羊体温升高，精神不振，食欲低下，常于口腔黏膜、蹄部皮肤上形成水疱、溃疡和糜烂，有时见于乳房。

口腔损害常表现为唇内面、齿龈、舌面及颊部黏膜发生水疱和糜烂，疼痛，流涎，涎水呈泡沫状。如单纯于口腔发病，一般1~2周可痊愈；而当累及蹄部或乳房时，则2~3周方能痊愈。一般呈良性经过，死亡率不超过2%。羔羊发病则常表现为恶性口蹄疫，发生心肌炎，有时呈出血性胃肠炎而死亡，死亡率可达20%~50%。

4. 病理变化　除口腔、蹄部和乳房等处出现水疱、烂斑外，严重病例的咽喉、气管、支气管和前胃黏膜有时也有烂斑和溃疡形成。前胃和肠道黏膜可见出血性炎症。心包膜有散在性出血点。心肌松软，似煮熟状；心肌切面呈现灰白色或淡黄色的斑点或条纹，似老虎身上的斑纹，称为"虎斑心"。

5. 诊断

1）现场诊断：根据急性经过、主要侵害偶蹄兽、一般呈良性经过、特征性临床症状和病理变化可做出现场诊断。

2）实验室诊断：取新鲜水疱皮或水疱液，置50%甘油生理盐水中，迅速做补体结合试验或微量补体结合试验鉴定毒型，或送检病羊恢复期血清，做乳鼠中和试验、病毒中和试验、琼脂扩散试验或放射免疫、免疫荧光抗体法被动血凝试验等来鉴定毒型。国内外报道了用生物素标记探针技术来检测口蹄疫病毒，从而使口蹄疫的诊断进入简便、快速、特异性强的临床诊断技术行列。

3）类症鉴别：

（1）与羊传染性脓疱的鉴别：羊传染性脓疱主要发生于幼龄羊，特征是在口唇部发生水疱、脓疱以及疣状厚痂，病变是增生性的，一般无体温反应。病料电镜观察可发现呈编织线团样的羊口疮病毒。

（2）与蓝舌病的鉴别：口蹄疫是一种高度接触性传染病，而蓝舌病则主要通过库蠓叮咬传播。口蹄疫的糜烂病灶是因水疱破溃而产生的，而蓝舌病的溃疡不是水疱破溃后所形成的，且缺乏水疱破裂后那样的不规则的边缘。通过血清学试验可区分口蹄疫病毒和蓝舌病病毒。

6. 防治

1）预防：

（1）认真做好定期预防注射，免疫时应先弄清当时当地或邻近地区流行的本病病毒的毒型，根据毒型选用疫苗。

（2）如果已经发生疫情，应立即采取严格封锁、隔离、消毒等措施，尽快加以扑灭。

对疫区或疫场划定封锁界限，禁止人畜往来；对病羊实行隔离，固定饲养人员和用具，抓紧治疗；封锁区最后 1 只病羊死亡或痊愈后 14 天，经过全面彻底消毒，方可解除封锁。消毒时可用 2%氢氧化钠、2%甲醛溶液或 20%~30%热草木灰水。

2）治疗：对病羊首先要加强护理，例如圈棚要干燥，通风要良好，供给柔软饲料（如青草、面汤、米汤等）和清洁的饮水，经常消毒圈棚。在加强护理的同时，根据患病部位的不同，给予不同的治疗。

（1）口腔患病：用 0.1%～0.2%高锰酸钾、0.2%甲醛溶液、2%～3%明矾或 2%～3%醋酸（或食醋）洗涤口腔，然后在溃烂面上涂抹碘酊甘油或 1%～3%硫酸铜，也可撒布冰硼散或豆面。

（2）蹄部患病：用 3%臭药水、3%煤酚皂溶液、1%甲醛溶液或 3%～5%硫酸铜浸泡蹄子。也可用消毒软膏（如 1∶1 的木焦油凡士林）或 10%碘酒涂抹，然后用绷带包裹起来。还可用煅石膏和锅底灰各半，研末，加少量细食盐，涂在患部，也有疗效。值得注意的是，最好不要多洗蹄子，因为潮湿会妨碍痊愈。

（3）乳房患病：哺乳期应定期将乳汁小心挤出以防发生乳腺炎。用 2%～3%硼酸水洗涤乳头，然后涂以消毒药膏。

（4）恶性口蹄疫：对于恶性口蹄疫的病羊，应特别注意心脏机能的维护，及时应用强心剂和葡萄糖注射液，或在饮水中加些白酒。为了预防和治疗继发性感染，也可以肌注青霉素或环丙沙星。

此外，口服结晶樟脑，每次 5～8 克，每天 2 次，效果良好，而且有防止发展为恶性口蹄疫的作用。

三、羔羊大肠杆菌病

羔羊大肠杆菌病是由致病性大肠杆菌引起的羔羊急性传染病，其特征是呈现剧烈的腹泻和败血症。因为病羊常排出白色稀粪，所以它又称"羔羊白痢"。

1. 病原 病原为大肠杆菌的革兰阴性、中等大小的杆菌，对外界不利因素的抵抗力不强，将其加热至 50℃，持续 30 分钟后即死亡，常用消毒药均易将其杀死。

2. 流行特点　本病多发生于 6 周龄以内的羔羊，但有些地方 6~8 周龄的羔羊也可发生，呈地方流行性或散发性。本病的发生与气候骤变、营养不良、场圈潮湿和污秽有关。冬春舍饲期间多发，而放牧季节则很少发病。本病主要经消化道感染。

3. 临床症状　羔羊大肠杆菌病的潜伏期为 1~2 天。

1）败血型：多发生于 2~6 周龄的羔羊。病羊体温为 41~42℃，精神沉郁，迅速虚脱，有轻微的腹泻或不腹泻，有的带有神经症状，运步失调，磨牙，视力障碍，也有的病例出现关节炎。多于病后 4~12 小时死亡。

2）腹泻型：多发生于 2~8 日龄的新生羔。病初体温略高，出现腹泻后体温下降，粪便呈半液状，带有气泡，具恶臭，起初呈淡黄色，继之变为淡灰白色，含有乳凝块，严重时混有血液。羔羊表现腹痛，虚弱，严重脱水，不能起立。如不及时治疗，病后 24~36 小时死亡，病死率为 15%~17%。

4. 病理变化

1）败血型：胸、腹腔和心包大量积液，内有纤维素样物；关节肿大，内含混浊液体或脓性絮片；脑膜充血，有许多小出血点。

2）腹泻型：主要为急性胃肠炎变化。胃内乳凝块发酵，肠黏膜充血、水肿和出血，肠内混有血液和气泡，肠系膜淋巴结肿胀，切面多汁或充血。

5. 诊断

1）现场诊断：主要根据流行病学、临床症状和剖检变化进行诊断。在分析这些资料时，必须注意发病季节、年龄及死亡率。

2）实验室诊断：采取内脏组织、血液或肠内容物，用麦康凯或其他鉴别培养基画线分离，挑取可疑菌落转种三糖铁培养基培养后，反应符合大肠杆菌者，纯培养后进行生化鉴定和血清学鉴定，以确定血清型。有条件时可进行黏着素抗原检查和肠毒素检查。

3）类症鉴别：**本病**应与 B 型魏氏梭菌引起的初生羔羊痢疾相区别。本病如能分离出纯致病性大肠杆菌，则具有鉴别诊断意义。

6. 防治

1）预防：加强妊娠羊的饲养管理，增强羔羊的抗病力。改善羊舍的环境卫生，做到定期消毒，尤其是分娩前后对羊舍应彻底消毒 1~2 次。注意羔羊的保暖，尽早让羔羊吃到初乳。对污染的环境、用具，可用 3%~5% 来苏儿液消毒。

2）治疗：大肠杆菌对土霉素、新霉素和磺胺类药物均具敏感性，但必须配合护理和对症治疗。土霉素粉，以每天每千克体重 30~50 毫克的剂量，分 2~3 次口服；磺胺脒，第一次 1 克，以后每隔 6 小时内服 0.5 克，对新生羔羊可同时加胃蛋白酶 0.2~0.3 克内服；心脏衰弱者可注射强心剂；脱水严重者可适当补充生理盐水或葡萄糖盐水，必要时还可加入碳酸氢钠或乳酸钠，以防止全身酸中毒；对于有兴奋症状的病羊，可内服水合氯醛 0.1~0.2 克（加水内服）。

中药治疗：用大蒜酊（大蒜 100 克加 95% 酒精 100 毫升，浸泡 15 天，过滤即成）2~3 毫升，加水一次灌服，每天 2 次，连用数天。白头翁、秦皮、黄连、炒神曲、炒山楂各 15 克，当归、木香、杭芍各 20 克，车前子、黄柏各 30 克，加水 500 毫升，煎至 100 毫升，每次 3~5 毫升，灌服，每天 2 次，连用数天。

四、破伤风

破伤风又称"锁口风""强直症"，是由破伤风梭菌引起的一种急性、创伤性、人畜共患的中毒性传染病。其特征是患羊骨骼肌持续性痉挛和对外界刺激反射兴奋性增高。

1. 病原　病原为破伤风梭菌，又称强直梭菌。为细长杆菌，多单个存在，能形成芽孢，位于菌体的一端，似鼓槌状，周身鞭毛，能运动，无荚膜。幼龄培养物革兰染色阳性，培养 48 小时后常呈阴性反应。

破伤风梭菌繁殖体的抵抗力与一般非芽孢菌相似，但芽孢抵抗力甚强，耐热，在土壤中可存活几十年。10%碘酊、10%漂白粉或30%过氧化氢（双氧水）能很快将其杀死。本菌对青霉素敏感，磺胺药次之，链霉素无效。

2. 流行特点　本病的病原在自然界中广泛存在，羊经创伤感染破伤风梭菌后，如果创口内具备缺氧条件，则病原在创口内生长繁殖产生毒素，作用于中枢神经系统而发病。常见于外伤、阉割和脐部感染。在临床上有不少病例往往找不出创伤，这种情况可能是在破伤风潜伏期创伤已经愈合，也可能是经胃肠黏膜的损伤而感染。本病以散发形式出现。

3. 临床症状　病初症状不明显，只表现为起卧困难，精神呆滞。随着病情的发展，四肢逐渐强直，运步困难，头颈伸直，角弓反张，肋骨突出，牙关紧闭、流涎，尾直，常有轻度腹胀，先腹泻后便秘。体温一般正常，仅在临死前上升至42℃以上，死亡率很高。

4. 诊断

1）现场诊断：根据病羊的创伤史和典型的全身强直症状，不难确诊。

2）实验室诊断：可从创伤感染部位取样，进行细菌分离和鉴定，结合动物试验进行诊断。

5. 防治

1）预防：在发生外伤、阉割或处理羔羊脐带时，应及时用2%~5%的碘酊严格消毒。

2）治疗：将病羊置于僻静、较暗的圈舍内，避免惊动，给予易消化的饲料和充足的饮水。对伤口要及时扩创，彻底清除伤口内的坏死组织，同时用3%过氧化氢、1%高锰酸钾或5%~10%碘酊进行消毒处理。病初可先静脉注射4%乌洛托品5~10毫升，再用破伤风抗毒素5万~10万单位静注或肌注，以中和毒素。为缓解肌肉痉挛，可使用25%硫酸镁注射液10~20毫升肌注，并配合5%碳酸氢钠100毫升静注。当牙关紧闭、开口困难时，可用2%普鲁卡因5毫升和0.1%肾上腺素0.1~1毫升混合注入两侧咬肌。如不能采食，可进行补液、补糖。当发生便秘时，可用温水灌肠或投服盐类泻剂。配合中药治疗能缓解症状，缩短病程，可应用"防风散"（防风8克、天麻5克、羌活8克、天南星7克、炒僵蚕7克、清半夏4克、川芎4克、炒蝉蜕7克）水煎2次，将药液混在一起，待温加黄酒50克胃管投服，连服3剂，隔天1次。

上述方剂可适当加减，伤在四肢者加独活5克；瞬膜外露严重者重用防风、蝉蜕；流涎量多者重用僵蚕、半夏；牙关紧闭者加蜈蚣1~2条、乌蛇3~6克、细辛1~2克。

五、结核病

结核病是由结核分枝杆菌引起的人、畜和禽类的一种慢性传染病。

1. 病原　结核分枝杆菌主要有牛型、人型和禽型 3 种。本菌不产生芽孢和荚膜，也不能运动，为革兰阳性菌，用一般染色法较难着色，常用的方法为 Ziehl-Neelsen 氏抗酸染色法。

结核杆菌因含有丰富的脂类，故在外界环境中生存力较强。对干燥和湿冷的抵抗力强，对热的抵抗力差。在水中可存活 5 个月，在土壤中可存活 7 个月，在 70% 酒精或 10% 漂白粉中很快死亡，碘化物的消毒效果甚佳，但无机酸、有机酸、碱性物和季铵盐类等对结核杆菌的消毒是无效的。

2. 流行特点　可侵害多种动物，在家畜中，牛最易感染，特别是奶牛，羊极少发病。

严重病羊或其他病畜的痰液、粪尿、奶、泌尿生殖道分泌物及体表溃疡分泌物中都含有结核杆菌。健康羊食用了被结核杆菌污染的饲料和饮水，或者吸入了含有细菌的空气，就会通过消化道和呼吸道传染。

3. 临床症状

1）奶山羊结核：症状与牛相似。轻度病羊没有临床症状，病重时食欲减退，全身消瘦，皮毛干燥，精神不振。常排出黄色稠鼻涕，甚至含有血丝，呼吸带痰音（"呼噜"作响），发生湿性咳嗽，肺部听诊有显著啰音。有的病羊臂部或腕关节发生慢性水肿，乳上淋巴

结发硬、肿大,乳房有结节和溃疡。

病的后期出现贫血,呼吸带臭味,磨牙,喜吃土,常因痰咳不出而高声叫唤。体温达 40~41℃,死前 2 天左右下降。贫血严重时,乳房皮肤淡黄,粪球变为淡黄褐色,最后消瘦衰竭而死亡,死前高声惨叫。

2) 绵羊结核:因为此病为慢性,故只能发现病羊生前消瘦和衰弱,并无咳嗽症状。

4. 病理变化 常见肺脏表面有小米、大米以及花生米大小的黄色及白色结节聚集成片,切时发出磨牙声,内含稀稠不等的脓液或钙质,肺脏切面的深部亦有界限性脓肿,有的全肺脏表面密布粟粒样的硬结节。喉头和气管黏膜有溃疡,支气管及小支气管充有不同量的白色泡沫。纵隔淋巴结肿大而发硬,前后连成一长条,内含黏稠脓液。胸膜常有大片发炎,尤其与肺部严重病变区接触之处更为明显。发炎区域有胶样渗出物附着,肋骨间有炎性结节,可见胸水呈淡红色,量增多。心包膜内夹有粟粒到枣子大小的结节,内含豆渣样内容物。

5. 诊断

1) 现场诊断:羊发生不明原因的渐进性消瘦、咳嗽、肺部异常、顽固性腹泻、体表淋巴结慢性肿胀等,可作为疑似本病的依据,但仅根据临床症状很难确诊。羊死后根据特异性结核病变,不难做出诊断,必要时需要进行微生物学检验。

2) 实验室诊断:用结核菌素做变态反应,是诊断本病的主要方法。诊断绵羊、山羊结核病时,用稀释的牛型和禽型两种结核菌素同时分别皮内接种 0.1 毫升,72 小时后判定反应,局部有明显炎症反应、皮厚差在 4 毫米以上者为阳性。

微生物学诊断，可采取病料（病灶、痰、尿、粪便、乳及其他分泌液）做抹片镜检、分离培养和进行实验动物接种。

6. 防治

1）预防：

（1）将阳性反应的羊严格隔离，禁止与健康羊群发生任何直接或间接的接触。例如放牧时应避免走同一牧道及利用同一牧场。

（2）病羊所产的羔羊，立刻用 3% 克辽林或 1% 来苏儿溶液洗涤消毒，运往羔羊舍，用健康羊奶实行人工哺乳，禁止哺吮病羊奶。

（3）如果病羊为数不多，就可以全部宰杀，以免增加管理上的麻烦及威胁健康羊群。

（4）如果要增添新羊，就必须先做结核菌素试验，阴性反应的方可引进。

2）治疗：对于有价值的奶山羊和优良品种的绵羊，对于轻型病例，可用链霉素、异烟肼（雷米封）、对氨水杨酸钠或盐酸黄连素治疗；对于临床症状明显的病例，不必治疗，应坚决扑杀，以防后患。

第二节 寄生虫病 >>>

寄生虫病对畜牧业具有很大危害，会使家畜成批死亡，动物生长发育受阻、生产能力下降，以及畜产品被废弃。

寄生虫病的主要防治原则是：消灭畜体内的寄生虫，消灭外界环境中的病原体，预防感染，加强饲养管理，增强家畜抵抗力。

一、肝片吸虫病

肝片吸虫病是由肝片吸虫和大片吸虫寄生于肝脏胆管内引起的慢性或急性肝炎和胆管炎，同时伴发全身性中毒现象及营养障碍等的寄生虫病。

1. 病原　肝片吸虫外观呈扁平叶状，体长 20～35 毫米、宽 5～13 毫米。自胆管内取出的鲜活虫体呈棕红色，固定后为灰白色。虫卵呈椭圆形，黄褐色，长 120～150 微米、宽 70～80 微米，前端较窄，有一个不明显的卵盖，后端较钝。

2. 流行特点　外界环境和季节对本病的流行有很大影响。常流行于河流、山川、小溪和低洼、潮湿的沼泽地带。特别是在多雨年份和多雨季节，由于淡水螺类剧增，本病流行严重。我国南方以 9 ~ 11 月份、北方以 8 ~ 9 月份，感染最为严重。

3. 临床症状

1) 急性型（童虫寄生阶段）：多因短期感染大量囊蚴所致。病羊初期发热，不食，精神委顿，衰弱易疲劳，离群，肝区压痛明显，排黏液性血便，全身颤抖，红细胞及血红素显著降低，严重者多在几天内死亡。

2) 慢性型（成虫寄生阶段）：主要表现为消瘦，贫血，黏膜苍白黄染，食欲缺乏，异嗜，被毛粗乱无光，步行缓慢。在眼睑、颌下、胸腹下出现水肿，便秘与腹泻常交替发生，最后因极度衰竭而死亡。

4. 病理变化　病理变化主要表现在肝脏，其变化程度与感染虫体的数量及病程长短有关。

1) 急性型：急性病例可见急性肝炎和大出血后的贫血现象。表现为肝脏肿大，包膜有纤维沉积，有 2 ~ 5 毫米长的暗红色虫道，虫道内有凝固的血液和少量幼虫；腹腔中有血红色的液体，有腹膜炎病变。

2) 慢性型：慢性病例主要表现为慢性增生性肝炎。在肝组织被破坏的部位出现淡白色索状瘢痕，肝实质萎缩、褪色、变硬，边缘钝圆，小叶间结缔组织增生。胆管肥厚、扩张呈绳索样突出于肝表面；胆管内有磷酸钙和磷酸镁等盐类的沉积，内膜粗糙，刀切时有"沙沙"声，胆管内有虫体和污浊稠厚的液体。病尸出现消瘦、贫血和水肿现象，胸膜腔及心包内蓄积有透明的液体。

5. 诊断

1) 现场诊断：应根据临床症状、流行特点和病理变化做出

诊断。

2）实验室诊断：采用水洗沉淀法。取直肠粪便 5~10 克，加 10~20 倍清水混匀，用纱布或通过 0.25~0.42 毫米筛子（40~60 目）过滤；滤液经静置或离心沉淀，倒去上层混浊液并加入清水混匀沉淀，反复进行 2~3 次，直至上层液体清亮为止；最后倒去上层液体，吸取沉淀物，用显微镜观察有无虫卵。

对于急性病例，因虫体未发育成熟，当粪便检查无虫卵时，必须结合病理剖检，在肝脏和胆管中查找是否有大量幼虫存在。用免疫诊断法进行确诊，如沉淀反应、补体结合反应、酶联免疫吸附实验、对流电泳和间接血凝等，亦可取得较好的诊断效果。

6. 防治　本病必须采取综合性防治措施，才能取得较好的效果。

1）预防：

（1）定期驱虫：在本病流行区每年应结合当地具体情况进行 1~2 次驱虫，一般可选择秋末冬初进行。如进行两次驱虫，另一次可安排在翌年的春季。

（2）及时处理粪便：粪便应及时清理，堆积发酵。

（3）保证饮水与饲草卫生：尽可能避开有椎实螺滋生的地方放牧，以防感染囊蚴。饮用水最好使用自来水、井水或流动的河水。

（4）消灭中间宿主：可结合水土改造破坏椎实螺的生活条件。沼泽地区可用硫酸铜溶液（1∶50000）或以 2.5 微升/升的血防 67 灭螺。此外，还可辅以生物灭螺，如养鸭和其他水禽等。

2）治疗：

（1）丙硫苯咪唑，每千克体重 15~25 毫克，一次口服。

（2）蛭得净（溴酚磷），每千克体重 16 毫克，一次口服，对成虫和幼虫均有很好的疗效。

（3）硝氯酚（拜耳 9015），每千克体重 4~5 毫克，一次口服，驱成虫有高效。

（4）肝蛭净（三氯苯唑），每千克体重 10 毫克，一次口服，对发育各阶段的肝片吸虫均有效。

（5）碘醚柳胺，每千克体重 7.5 毫克，一次口服，对成虫和 6~12 周未成熟的肝片吸虫均有效。

（6）硫氯酚（别丁），每千克体重 80~100 毫克，灌服，对驱成虫有效。

二、双腔吸虫病

双腔吸虫病是由矛形双腔吸虫和中华双腔吸虫等寄生于家畜肝脏、胆管和胆囊内所引起的寄生虫病。本病在全国各地均有发生，尤其在西北、东北及内蒙古等地最为常见。本病主要危害反刍动物，牛、羊严重感染时甚至会导致死亡。

1. 病原

1）矛形双腔吸虫：虫体扁平、透明、呈棕红色，肉眼可见到内部器官；表面光滑，前端尖细，后端较钝，呈矛状；体长为 5~15 毫米，宽为 1.5~2.5 毫米；腹吸盘大于口吸盘。虫卵呈卵圆形或椭圆形，暗褐色，卵壳厚，两侧稍不对称，其大小为（38~45）

微米×（22~30）微米。虫卵一端有明显的卵盖，卵内含毛蚴。

2）中华双腔吸虫：虫体扁平、透明，腹吸盘前方体部呈头锥样，其后两侧较宽似肩样突起；体长 3.5~9.0 毫米，宽 2.63~3.09 毫米。虫卵与矛形双腔吸虫卵相似。

2. 流行特点　本病呈明显的地方流行性。从分布的地区特点来看，矛形双腔吸虫多分布于较干燥的高山牧场的灌木丛及高原的阳坡地带；中华双腔吸虫则多分布于草原地区的沼泽、苔草地段以及丘陵区的山间谷地和平原地带的河谷漫滩。同时本病的发生具有明显的季节性，一般在夏、秋季感染而多在冬、春季发病。

3. 临床症状　因感染强度不同，其症状有所差异。轻度感染的羊常不显临床症状。严重感染时则表现为精神沉郁，食欲缺乏，黏膜苍白黄染，颌下水肿，腹胀，腹泻，行动迟缓，渐进性消瘦，终因极度衰竭而死亡。有些病羊常继发肝源性感光过敏症，其表现为，多在阳光明媚的上午（10~11 时）放牧时，突然发生耳和头面部急性肿胀（水肿），影响采食、视物，全身症状恶化，常常引起死亡；不死者肿胀很难消退，往往形成大面积破溃、渗出、结痂或继发细菌感染等。

4. 病理变化　剖解死羊，可见肝肿大变硬，胆管扩张，管壁增厚，周围结缔组织增生，挤压切开的肝脏断面，常见从胆管内流出大量黄白色脓性物质，里面含有大量发育阶段不同的虫体和虫卵；胆囊肿大，胆汁内混有大量发育阶段不同的虫体和虫卵。

5. 诊断　利用水洗沉淀法查找具有特征性的虫卵，然后结合临床症状与流行病学即可得出结果。方法是先将肝脏在水中撕碎，然后利用连续洗涤法查找虫体。

6. 防治

1）预防：应以定期驱虫为主，同时加强羊群的饲养管理，以提高其抵抗力；注意消灭中间宿主，以阻断病原传播途径及感染来源；粪便应进行堆肥发酵处理，以杀灭虫卵。

2）治疗：

（1）海涛林，每千克体重30~80毫克，一次灌服，对双腔吸虫病有特效。

（2）丙硫苯咪唑，每千克体重30~40毫克，一次灌服。

（3）六氯对二甲苯（血防846），每千克体重200~300毫克，一次灌服。

（4）吡喹酮，每千克体重60~80毫克，一次灌服。

（5）噻苯达唑，每千克体重150~200毫克，一次灌服。

三、血吸虫病

血吸虫病是由分体科分体属的血吸虫寄生在门静脉、肠系膜静脉和盆腔静脉内，引起贫血、消瘦与营养障碍等的一种蠕虫病。本病多流行于长江以南的十余个省份，是危害十分严重的人畜共患寄生虫病。

1. 病原　在我国仅有日本血吸虫一种，虫体呈细长线状。雄虫乳白色，长10~20毫米，宽0.5~0.97毫米。雌虫呈暗褐色，体长12~26毫米，宽约0.3毫米。虫卵呈短卵圆形，淡黄色，长70~100微米，宽50~80微米；卵壳薄、无盖，在卵壳一端上方有一小刺，卵内含毛蚴。

2. **临床症状** 病羊表现为腹泻，粪中带有黏液、血液，体温升高，黏膜苍白，日渐消瘦，生长发育受阻，还可导致母羊不妊娠或流产。

3. **病理变化** 尸体明显消瘦、贫血和出现大量腹水；肠系膜、大网膜甚至胃肠壁浆膜层出现显著的胶样浸润；肠黏膜有出血点、坏死灶、溃疡、肥厚或瘢痕组织；肠系膜淋巴结及脾脏变性、坏死；肠系膜静脉内有成虫寄生；肝脏病初肿大，后则萎缩、硬化；在肝脏和肠道处有数量不等的灰白色虫卵结节；心、肾、胰、脾、胃等有时也发现虫卵结节的存在。

4. **诊断** 依据临床症状和病理变化，可做出初步诊断。对可疑病例可采取锦纶筛兜集卵、涂片镜检法或虫卵孵化法检查粪便内有无虫卵。

5. **防治**

1）预防：本病危害严重，宿主范围广且生活史复杂，须采取综合性防治措施。

（1）定期驱虫：及时对人畜进行驱虫和治疗，并做好病羊的淘汰工作。

（2）消灭中间宿主：结合水土改造工程或用灭螺药物杀灭中间宿主，阻断血吸虫的发育途径。

（3）粪便管理：在疫区内可以将人畜粪便进行堆肥发酵和制造沼气，既可增加肥效，又可杀灭虫卵。

（4）用水管理：选择无螺水源，实行专塘用水或用井水，以杜绝尾蚴的感染。

（5）安全放牧：全面合理地规划草场建设，逐步实行划区轮牧；夏季防止羊涉水，避免感染尾蚴。

2）治疗：

（1）硝硫氰胺，每千克体重4毫克，配成2%~3%水悬液，颈静脉注射。

（2）吡喹酮，每千克体重30~50毫克，一次口服。

（3）美曲膦酯，绵羊每千克体重70~100毫克，山羊每千克体重50~70毫克，灌服。

（4）六氯对二甲苯，每千克体重80~300毫克，灌服。

四、脑多头蚴病

脑多头蚴病俗称脑包虫病，是由多头绦虫的幼虫——多头蚴寄生在绵羊、山羊的脑、脊髓内，引起脑炎、脑膜炎及一系列神经症状（周期性转圈运动），甚至造成死亡的一种严重的寄生虫病。本病散布于全国各地，并多见于犬活动频繁的地方。

1. 病原

1）多头蚴：呈囊泡状，囊状由豌豆至鸡蛋大小，囊内充满透明液体，在囊的内壁上有100~250个原头蚴。原头蚴直径为2~3毫米。

2）多头绦虫：虫体长40~100厘米，由200~500个节片组成。头节有4个吸盘，顶突上有22~32个小钩，分成两圈排列，成熟节片呈方形或长大于宽。卵为圆形，直径一般为20~37微米。

2. 临床症状　本病呈急性或慢性型，症状表现取决于寄生部位和病原体的大小。

1）急性型：以羔羊表现最为明显。感染之初，由于六钩蚴进入脑组织，虫体在脑膜和脑组织中移行，刺激和损伤脑组织并造成脑部炎症，使体温升高，脉搏、呼吸加快，甚至有强烈的兴奋。患羊做回旋运动，前冲或后退，有痉挛性抽搐等，有时沉郁，长时间躺卧，脱离羊群。部分病羊在 5~7 天内因急性脑膜炎而死亡，不死者则转为慢性型。

2）慢性型：患羊耐过急性期后，症状表现逐渐消失，经 2~6 个月的缓和期，由于多头蚴不断发育长大，再次出现明显症状。

当多头蚴寄生在羊大脑某半球时，除向被虫体压迫的同侧做转圈运动外，还常造成对侧的视力障碍，甚至失明。当虫体寄生在大脑正前部时，常见羊头下垂向前做直线运动，碰到障碍物时则头抵物体呆立不动。当多头蚴寄生在大脑后部时，主要表现为头高举或做后退运动，甚至倒地不起，并常有强直性痉挛表现。当虫体寄生在小脑时，病羊站立或运动常失去平衡，身体共济失调，易跌倒，对外界干扰和音响易惊恐。当多头蚴寄生在脊髓时，表现为步伐不稳，进而引起后肢麻痹；当膀胱括约肌发生麻痹时，则出现小便失禁。

3. **病理变化** 急性病例见脑膜炎和脑炎病变，还可见到六钩蚴在脑膜中移行时留下的弯曲伤痕。慢性病例则可在脑或脊髓的不同部位发现 1 个或数个大小不等的囊状多头蚴；在病变或虫体相接的颅骨处，骨质松软、变薄，甚至穿孔，导致皮肤向表面隆起；病灶周围脑组织或较远部位发炎，有时可见萎缩变性或钙化的多头蚴。

4. **诊断** 本病主要根据病羊的异常运动、视力障碍和局部变化进行诊断。患羊因表现出一系列特异神经症状，故容易确诊。但应注意与莫尼茨绦虫病、羊鼻蝇蛆病以及其他脑部疾病所表现的神经症状相区别，即这些病一般不会有头骨变薄、变软和皮肤隆起的现象。

此外，应用变态反应进行诊断的效果较好。用多头蚴的囊壁及原头蚴制成乳剂变应原，注入羊的上眼睑内，患羊于注射1小时后出现直径1.75~4.2厘米的皮肤肥厚肿大，并保持6小时，即可确诊。

5. 防治

1）预防：防止犬等肉食动物食入带多头蚴的脑、脊髓，对患畜的脑和脊髓应烧毁或做深埋处理。对护羊犬和家犬应用吡喹酮（每千克体重5~10毫克，一次内服）或氢溴酸槟榔碱（每千克体重1.5~2毫克，一次内服）定期驱虫。

2）治疗：对早期病例可试用吡喹酮治疗，剂量为每天每千克体重50毫克，内服，连用5天为1个疗程。对晚期病例可采取手术摘除，方法是：定位后，局部剃毛、消毒，将皮肤作"U"字形切口，打开术部颅骨，先用注射器吸出囊液，再摘除囊体，然后对伤口做一般外科处理。为防止细菌感染，可于手术后3天内连续注射青霉素。也可不做切口，直接用注射针头从外面刺入囊内抽出囊液，再注入95%酒精1毫升。

寄生于羊消化道的线虫种类很多，而且往往混合感染，这是每年春乏季节造成羊死亡的重要原因之一。各种消化道线虫引起疾病的情况大致相似，其中以捻转血矛线虫（又称羊胃虫）的危害最为严重。本病在全国各地均有不同程度的发生和流行，尤以西北、东北地区和内蒙古广大牧区更为普遍。

1. 病原　捻转血矛线虫寄生于真胃，偶见于小肠。虫体线状，呈粉红色，头端尖细，口囊小，内有一角质背矛。雄虫长 15~19 毫米，其交合伞的背肋偏于左侧，呈倒"Y"字形。雌虫长 27~30 毫米，由于红色的消化管和白色的生殖管相互缠绕，形成红白相间的外观，俗称"麻花虫"。虫卵大小为 (75~95) 微米×(40~50) 微米，无色，壳薄，新鲜虫卵内含有 16~32 个胚细胞。

捻转血矛线虫系土源性发育，即在发育过程中不需要中间宿主参与，羊感染是由于吞食了被虫卵污染的饲草、饲料及饮水。幼虫在外界的发育难以制约，从而造成了几乎所有的羊不同程度地感染发病的状况。

2. 临床症状　主要症状为消化紊乱，胃肠道发炎，腹泻，消瘦，眼结膜苍白，贫血。严重病例下颌间隙水肿，羊体发育受阻。少数病例体温升高，呼吸、脉搏频数和心音减弱，最终病羊因身体极度衰竭而死亡。

3. 病理变化　消化道各部有数量不等的线虫寄生。尸体消瘦，贫血，内脏显著苍白，胸、腹腔内有淡黄色渗出液，大网膜、肠系膜胶样浸润，肝脏、脾脏出现不同程度的萎缩、变性，真胃黏膜水肿。有时可见虫咬的痕迹和针尖到粟粒大小的结节，小肠和盲肠黏膜有卡他性炎症，大肠可见到黄色小点状的结节或化脓性结节，以及肠壁上遗留下的一些瘢痕性斑点。当大肠上的虫卵结节向腹膜面破溃时，会引发腹膜炎和多发性粘连；向肠腔内破溃时，则会引起溃疡性和化脓性肠炎。

4. 诊断　通常对症状可疑的羊应进行粪便虫卵检查。常用饱和盐水漂浮法，亦可用直接涂片法镜检虫卵。镜检时，各种线虫的虫卵一般不易区分。因为各线虫病的防治方法基本相同，一般情况下亦无必要对虫卵的种类加以鉴别。粪检时，成羊每克粪便中含 1000 个虫卵时即应驱虫，羔羊每克粪便中含 2000~6000 个虫卵则被认为是重感染。

5. 防治

1）预防：

（1）定期驱虫。一般可安排在每年秋末进入舍饲后（12 月份至翌年 1 月份）和春季放牧前（3~4 月份）各 1 次，但因地区不同，选择驱虫的时间和次数可依具体情况而定。

（2）粪便要经过堆积发酵处理。

（3）羊群应饮用自来水、井水或干净的流水。

（4）尽量避免在潮湿低洼地带和早、晚及雨后时放牧（即禁放露水草）。

（5）有条件的地方应实施轮牧。

2）治疗：

（1）丙硫苯咪唑，每千克体重 5~20 毫克，一次内服。

（2）苯硫咪唑，每千克体重 5~10 毫克，一次内服。

（3）甲苯达唑，每千克体重 10~15 毫克，一次内服。

（4）左旋咪唑，每千克体重 10~15 毫克，一次内服，也可皮下或肌内注射。

（5）阿维菌素，每千克体重 0.2 毫克，一次皮下注射或内服。对体内的各种线虫和体表寄生虫均有杀灭作用。

（6）精制美曲膦酯，绵羊每千克体重 80~100 毫克，山羊每千克体重 50~70 毫克，加水，一次内服。

（7）硫化二苯胺（酚噻嗪），每千克体重 600 毫克，用面汤做成悬浮液，一次内服。羊服药后 24 小时内，应避免日光照射。

第三节 普通病 　　　>>>

一、食管堵塞

食管堵塞又称草噎，是羊食管被草料或异物突然堵塞所致的。其特征是病羊表现出咽下障碍和苦闷不安的情况。

1. 病因　病因有原发性和继发性两种。

1）原发性食管堵塞：主要是因为羊采食马铃薯、甘薯、甘蓝、萝卜、芜菁等块根块茎类饲料时，吞咽过急；或是因采食大块豆饼、花生饼、玉米棒以及谷草、稻草、青丁草等时，未经充分咀嚼，急忙吞咽而引起的。

2）继发性食管堵塞：常见于食管麻痹、狭窄和扩张。也有由于中枢神经兴奋性增高，发生食管痉挛，采食中引起食管堵塞的情况。

2. 临床症状　患羊突然停止采食，神情紧张，骚动不安；头颈伸展，呈现吞咽动作，张口伸舌，大量流涎，甚至从鼻孔逆出；因食管和颈部肌肉收缩，引起反射性咳嗽，从口、鼻流出大量唾沫，呼吸急促。这种症状虽可暂时缓和，但仍可能反复发作。

由于堵塞物性状及其堵塞部位不同，临床症状也有所区别。

1）食管完全堵塞：采食、饮水完全停止。表现为空嚼和吞咽动作，不断流涎，不能进行嗳气和反刍，迅速发生瘤胃鼓胀，呼吸困难。

2）上部食管堵塞：流涎并有大量白色唾沫附着在唇边和鼻孔周围，吞咽的食糜和唾液有时由鼻孔逆出。

3）下部食管堵塞：咽下的唾液先蓄积在上部食管内，颈左侧食管沟呈圆筒状隆起，触压可引起哽噎运动。

3. 诊断　根据突然发生吞咽困难的症状，结合临床检查和观察进行诊断。使用胃管探诊可确定堵塞物的部位。诊断时应注意与咽炎、急性瘤胃鼓气、口腔和牙齿疾病、食管痉挛、食管扩张等疾病相鉴别。

4. 防治

1）预防：平时应严格遵守饲养管理制度，避免羊只过于饥

饿，发生饥不择食和采食过急的现象。饲养中注意补充各种无机盐，以防异食癖。经常清理牧场及圈舍周围的废弃杂物。

2）治疗：

（1）开口取物法：堵塞物塞于咽或咽后时，可装上开口器，用手直接掏取或用铁丝圈套取。

（2）胃管探送法：堵塞物在近贲门部时，可先将2%普鲁卡因溶液5毫升、液状石蜡30毫升混合，用胃管送至堵塞物部位，然后再用硬质胃管推送堵塞物进入瘤胃。

（3）砸碎法：当堵塞物易碎、表面圆滑且堵塞于颈部食管时，可在堵塞物两侧垫上布鞋底，将一侧固定，在另一侧用木锤将其砸碎。

（4）手术疗法：确定手术部位，切口取物。手术时要避免损伤与食管并行的动脉、静脉管壁。

术后用青霉素80万单位、阿尼利定10毫升混合一次肌注，每天2次，连用5天。维生素C0.5克1天肌注1次，连用3天。术后当天禁食，防止污染，第二天饮喂小米粥，第三天开始给少量的青干草，直到痊愈。

二、口炎

口炎包括舌炎、腭炎和齿龈炎，是羊的口腔黏膜表层和深层组织的炎症。本病在饲养管理不良的情况下容易发生。

1. 病因

1）卡他性口炎：是一种单纯性和红斑性口炎，即口腔黏膜表层卡他性炎症。病因多种多样，主要是受到机械性、物理化学性以及传染性因素或有毒物质的刺激、侵害和影响。如粗纤维多或带有芒刺的坚硬饲料，骨、铁丝或碎玻璃等各种尖锐异物的直接损伤，或因灌服过热的药液而造成的烫伤，或霉败饲料的刺激等。

2）水疱性口炎：即口腔黏膜上形成充满透明浆液的水疱。病因主要是采食了带有锈病、黑穗病菌的霉败饲料，发芽的马铃薯，以及被细菌或病毒感染的饲料。

3）溃疡性口炎：为口腔黏膜糜烂坏死性炎症，病因主要是口腔不洁、细菌混合感染等。

4）继发性口炎：多继发于患口疮、口蹄疫、羊痘、霉菌性口炎、过敏反应和羔羊营养不良等疾病。

2. 临床症状 食欲减少，口内流涎，咀嚼缓慢，继发细菌感染时有口臭。

1）卡他性口炎：口腔黏膜发红、充血、肿胀、疼痛，特别是在唇内、齿龈、颊部表现明显。

2）水疱性口炎：在上下唇内有很多大小不等的充满透明或黄色液体的水疱。

3）溃疡性口炎：在口腔黏膜上出现有溃疡性病灶，口内恶臭，体温升高。

3. 诊断 原发性单纯性口炎，根据病情和口腔黏膜炎症变化易于诊断，但要注意与口蹄疫、羊痘等相区别。患口蹄疫时，除口腔黏膜发生水疱及烂斑外，蹄部及皮肤也有类似病变；患羊痘时，除口腔黏膜有典型的痘疹外，在乳房、眼角、头部、腹下皮肤处亦有痘疹。

4. 防治

1）预防：防止化学物质、机械及草料内的异物对口腔的损伤；提高羔羊饲料品质，饲喂富含维生素的柔软饲料；不要喂发霉腐烂的草料，饲槽应经常用 2% 碱水消毒。

2）治疗：轻度口炎可用 0.1% 依沙吖啶液或 0.1% 高锰酸钾液冲洗，亦可用 20% 盐水冲洗；发生糜烂及渗出时，可用 2% 明矾液冲洗；口腔黏膜有溃疡时，可用碘甘油、5% 碘酊、甲紫溶液、磺胺软膏、四环素软膏等涂擦患部；继发细菌感染、病羊体温升高时，用青霉素 40 万~80 万单位、链霉素 100 万单位肌注，每天 2 次，连用 3~5 天，也可内服或注射磺胺类药物。中药可用青黛散（青黛 9 克、黄连 6 克、薄荷 3 克、桔梗 6 克、儿茶 6 克，研为细末）或冰硼散，装入长形布袋内口衔，或直接撒布于口腔，效果较好。

三、前胃弛缓

前胃弛缓即中兽医学中的脾胃虚弱，是由各种原因导致的前胃兴奋性降低、收缩力减弱、瘤胃内容物运转缓慢、菌群失调而产生大量腐解和酵解的有毒物质，引起消化障碍、食欲和反刍减退以及全身机能紊乱的一种疾病。本病在冬末、春初饲料缺乏时较为常见。

1. 病因

1）原发性前胃弛缓：又称单纯性消化不良，病因与饲养管理和气候的变化有关。

（1）饲草过于单纯：饲草单调、贫乏是导致前胃弛缓的主要原因。如冬末、初春因草料缺乏，长期饲喂一些纤维粗硬、刺激性强、难以消化的饲草，容易导致前胃弛缓。

（2）饲料变质：受过热的青饲料、冻结的块根、霉败的酒糟以及豆饼、花生饼等，都易导致消化障碍而发生本病。

（3）矿物质和维生素缺乏：特别是缺钙，引起低血钙症，影响到神经体液的调节机能，这是本病的主要发病因素之一。

另外，饲养失宜、管理不当、应激反应等因素，也会导致本病的发生。

2）继发性前胃弛缓：是其他疾病在临床上呈现的一种前胃消化不良综合征。患有瘤胃积食、瘤胃鼓气、胃肠炎和其他多种内科病、产科病和某些寄生虫病时也可能继发前胃弛缓。

2. 临床症状　按病情发展过程，本病可分为急性和慢性两种类型。

1）急性前胃弛缓：食欲废绝，反刍和瘤胃蠕动次数减少或消失；瘤胃内容物腐败发酵，产生大量气体，左腹增大，叩触不坚实。

2）慢性前胃弛缓：精神沉郁，倦怠无力，喜卧地；被毛粗乱，体温、呼吸、脉搏无变化；食欲减退，反刍缓慢；瘤胃蠕动减弱，次数减少。有时便秘与腹泻交替发生，并常附着有未消化的饲料颗粒。若为继发性前胃弛缓，则常伴有原发病的特征性症状，在诊断时应加以鉴别。

3. 诊断　根据病因、症状等综合判定。检测瘤胃内容物的性状变化，可作为诊疗的依据，表现为瘤胃液 pH 值降至 5.5 以下，纤毛虫数量减少、活力降低，纤维素消化试验和瘤胃液沉淀活性试验时间延长。但须注意与创伤性网胃腹膜炎、瘤胃积食等类症的鉴别诊断。创伤性网胃腹膜炎多见姿势异常，体温升高，触诊网胃区腹壁有疼痛反应；瘤胃积食则表现为瘤胃内容物充满、坚硬。

4. 防治

1）预防：注意饲料的配合，防止长期饲喂过硬、难消化或单一劣质的饲料，对可口的精料要限制给量，切勿突然改变饲料或饲喂方式。应给予充足的饮水，并创造条件供给温水。防止运动过度或不足，避免各种应激因素的刺激。及时治疗继发本病的其他疾病。

2）治疗：治疗本病的原则是缓泻、止酵、兴奋瘤胃的蠕动。

（1）病初先禁食 1~2 天，每天人工按摩瘤胃数次，每次 10~20 分钟，并给予少量易消化的多汁饲料。

（2）当瘤胃内容物过多时，可投服缓泻剂。常内服液状石蜡 100~200 毫升或硫酸镁 20~30 克。

（3）10%氯化钠 20 毫升、生理盐水 100 毫升、10%氯化钙 10 毫升，混合后一次静脉注射。

（4）酵母粉 10 克、红糖 10 克、酒精 10 毫升、陈皮酊 5 毫升，混合加水适量灌服。

（5）可内服酒石酸锑钾（0.2~0.5 克）、番木鳖酊（1~3 毫升）等前胃兴奋剂。

（6）大蒜酊 20 毫升、龙胆末 10 克、豆蔻酊 10 毫升，加水适量，一次口服。

四、急性瘤胃鼓气

急性瘤胃鼓气，是因羊前胃神经反应性降低、收缩力减弱，采食了容易发酵的饲料，在瘤胃内菌群的作用下，异常发酵，产生大量气体，引起瘤胃和网胃急剧膨胀，造成呼吸与血液循环障碍，发生窒息现象的一种疾病。本病多发生于春末、夏初放牧的羊群。

1. 病因　主要是采食大量容易发酵的饲料，如幼嫩的豆苗、麦草、紫花苜蓿等；或者是饲喂大量的白菜叶、红萝卜、过多的精料、霜冻饲料、酒糟或霉败变质的饲料。本病可继发于羊肠毒血症、肠扭转、食管堵塞、食管麻痹、前胃弛缓、瓣胃堵塞、慢性腹膜炎及某些中毒性疾病等。

2. 临床症状　一般呈急性发作，初期表现为不安，回头顾腹，弓背伸腰、努责、呻吟，疼痛不安；反刍、嗳气减少或停止；食欲减退或废绝。发病后很快出现腹围鼓大，左侧腰旁窝显著隆起。触诊腹部紧张性增加；叩诊呈鼓音；听诊瘤胃蠕动音初增强、后减弱或消失，黏膜发绀，心率较快而弱，呼吸困难，严重者张口呼吸。时间久后会导致羊虚弱无力，四肢颤抖，站立不稳，不久昏迷倒地，呻吟、痉挛，因胃破裂、窒息或心脏衰竭而死亡。

3. 病理变化　死后立即剖检的病例，瘤胃壁过度扩张，充满

大量气体及含有泡沫的内容物。死后数小时剖检，瘤胃内容物无泡沫，间或有瘤胃或膈肌破裂；瘤胃腹囊黏膜有出血斑，甚至黏膜下淤血，角化上皮脱落；肺脏充血，肝脏和脾脏被压迫呈贫血状态，浆膜下出血等。

4. **诊断** 急性瘤胃鼓气，确诊不难。在临床诊断时，应注意与前胃弛缓、瘤胃积食、创伤性网胃炎、食管堵塞、破伤风等类症进行鉴别。

5. **防治**

1）预防：此病大多与放牧不小心和饲养不当有关。预防本病应加强饲养管理，增强前胃神经反应性，促进消化机能，保持其健康水平。因此，为了预防鼓胀，必须防止羊只采食过多的豆科牧草，不喂霉烂或易发酵的饲料，不喂露水草，少喂难以消化和易鼓胀的饲料。

2）治疗：应以胃管放气、止酵防腐、清理胃肠为治疗原则。

（1）对初发病例或病情较轻者，可立即单独灌服来苏儿2.5毫升或甲醛溶液1~3毫升。

（2）液状石蜡100毫升、鱼石脂2克、酒精10毫升，加水适量，一次灌服。

（3）氧化镁30克，加水300毫升，灌服。

（4）大蒜200克捣碎后加食用油150毫升，一次喂服。

（5）放牧过程中，发现羊患病时，可把臭椿、山桃、山楂、柳树等的枝条衔在羊口内，将羊头抬起，利用咀嚼枝条以咽下唾液，促进嗳气发生，排出瘤胃内的气体。

（6）干姜 6 克、陈皮 9 克、香附 9 克、肉豆蔻 3 克、砂仁 3 克、木香 3 克、神曲 6 克、萝卜子 3 克、麦芽 6 克、山楂 6 克，水煎，去渣后灌服。

（7）病情严重者，应迅速施行瘤胃穿刺术。首先在左侧隆起最高处剪毛消毒，然后将套管针或 16 号针头由后上方向下方朝向对侧（右侧）肘部刺入，使瘤胃内的气体慢慢放出。在放气过程中要紧压腹壁，使之与瘤胃壁紧贴，边放气边下压，以防胃液漏入腹腔内而引起腹膜炎。气体大量排出停止时，向瘤胃内注入煤酚皂液。

五、瘤胃积食

羊瘤胃积食，中兽医学上称为宿草不转，是瘤胃内充满过量的饲料，导致容积扩大，胃壁过度伸张，食物滞留于胃内的一种严重的消化不良性疾病。

1. **病因** 主要是采食过量的粗硬易膨胀的干性饲料（如大豆、豌豆、麸皮、玉米）和霉败性饲料，加之饮水不足、缺乏运动，就容易发病。本病也可继发于前胃弛缓、真胃炎、瓣胃堵塞、创伤性网胃炎、腹膜炎、真胃堵塞等。

2. **临床症状** 症状表现程度因病因及胃内容物分解毒物被吸收的轻重而不同。病羊精神委顿，食欲缺乏，反刍停止。病初不断嗳气，随后嗳气停止。腹痛摇尾，弓背，回头顾腹，有时用后蹄踢腹，呻吟咩叫。鼻镜干燥，耳根发凉，口出臭气，排粪量少

而干黑。听诊瘤胃蠕动音减弱、消失；触诊瘤胃胀满、坚实，似面团感觉，指压时有压痕，呼吸急促，脉搏增数，黏膜深紫红色。

当过食引起瘤胃积食发生酸中毒和胃炎时，精神极度沉郁，瘤胃松软积液，手拍击有拍水感，病羊卧地，腹部紧张度降低，有的可能出现视觉扰乱，盲目运动。全身症状加剧时，病羊呈现昏迷状态。

3. 诊断　根据其发生原因、症状可以确诊，但须与下列类症进行鉴别。

1）与前胃弛缓的鉴别：食欲、反刍减退，瘤胃内容物呈粥状，不断嗳气，并呈现瘤胃间歇性鼓胀。

2）与急性瘤胃鼓胀的鉴别：病程发展急剧，腹部显著鼓胀，瘤胃壁紧张而有弹性，叩诊呈鼓音，血液循环障碍，呼吸困难。

3）与创伤性网胃炎的鉴别：网胃区疼痛，姿势异常，神情忧郁，头颈伸张，忌运动，周期性瘤胃鼓胀，应用副交感神经兴奋药物，病情恶化。

4）与真胃堵塞的鉴别：瘤胃积液，左下腹部显著隆起，真胃冲击性触诊，腰旁窝听诊结合叩诊，呈现叩击钢管的铿锵声。

此外，还须注意与肠套叠、肠毒血症、生产瘫痪、子宫扭转等疾病进行鉴别，以免误诊。

4. 防治

1）预防：应从饲养管理上着手。避免大量给予纤维干硬而不易消化的饲料，对可口喜吃的精料要限制给量。冬季由放牧转舍饲时，应给予充足的饮水，并应创造条件供给温水，尤其在饱食后不要给予大量冷水。

2）治疗：以排出瘤胃内容物为主，辅以止酵防腐、消导下泻、纠正酸中毒和健胃补充体液。

（1）消导下泻：内服硫酸镁或硫酸钠，成年羊的剂量为 50～60 克（配成 8%～10% 溶液），一次内服；或液状石蜡 100～200 毫升，一次内服。

（2）解除酸中毒：可用 5% 碳酸氢钠 100 毫升灌入输液瓶，另加 5% 葡萄糖 200 毫升，静脉一次滴注；或用 11.2% 乳酸钠 30 毫升，静脉注射，为防止酸中毒继续恶化，可用 2% 石灰水洗胃。

（3）强心补液：心脏衰弱时，可用 10% 樟脑磺酸钠或 0.5% 樟脑水 4～6 毫升，一次皮注或肌注；呼吸系统和血液循环系统衰竭时，可用尼可刹米注射液 2 毫升，肌注。

（4）其他方法：

a. 用手或鞋底按摩左肩窝部，刺激瘤胃收缩，促进反刍；然后用臭椿树根（去皮）或木棍穿咸菜疙瘩横衔嘴里，两头拴于耳朵上，并适当牵遛，有促进反刍之功效。

b. 液状石蜡 200 毫升、番木鳖酊 7 克、陈皮酊 10.1 克、芳香氨醑 10 克，加水 200 毫升，灌服。

c. 人工盐 50 克、大黄末 10 克、龙胆末 10 克、复方维生素 B 约 50 片，一次灌服。10% 高渗盐水 40～60 毫升，一次静注。甲基硫酸新斯的明 1～2 毫克，肌注。吐酒石（酒石酸锑钾）0.5～0.8 克、龙胆酊 20 克，加水 200 毫升，一次灌服。

d. 陈皮 10 克、枳壳 6 克、枳实 6 克、神曲 10 克、厚朴 6 克、

山楂 10 克、萝卜子 10 克，水煎取汁，制成健胃散，灌服。

e. 也可试用中药大黄 12 克、芒硝 30 克、枳壳 9 克、厚朴 12 克、玉片 1.5 克、香附子 9 克、陈皮 6 克、千金子 9 克、青香 3 克、二丑 12 克，煎水制成大承气汤，一次灌服。

对种羊来说，若推断药物治疗效果较差，宜迅速进行瘤胃切开抢救。